日本の外来魚ガイド

松沢陽士／写真・図鑑執筆
瀬能　宏／監修・解説執筆

文一総合出版

まえがき

人為の介在しない地球と生命の歴史は自然史と呼ばれる。生物多様性を生み出した自然史を正しく理解するためには、生物の分類や分布、生理、生態はもちろんのこと、その生物が生息している地域の地史にいたるまで、幅広い知識や教養を身につける必要がある。その結果として我々は自然史の重みを感じ、自然に対して畏敬の念を抱き、生物多様性がかけがえのないものであるという価値観を持つことができる。

外来種問題で難しいのは、ある地域に外来種が侵入した場合、一見何事もない状態、つまりは自然な状態に見えてしまうことである。日本に近縁な分類群すら分布しない生物ならば、それが外来種であることは一目瞭然だろうし、オオクチバスのように侵略的な場合には、ことの重大さも理解しやすい。しかし、国内の生物が同じ国内の分布域外に移動させられて外来種となった場合には、それを外来種であると見極めることは難しくなる。関東地方のナマズは、江戸時代に西方から持ち込まれたものであるが、それがわかったのはつい最近のことで、神奈川県ではそれまでナマズを絶滅危惧種に指定していた。人間活動の所産である外来魚に罪がないのは当然のことだが、それがきわめて不自然な存在であるという認識がまず必要である。例え水域生態系の中で調和的に見えても！

外来生物の図鑑や解説書はこれまでにもいくつか出版されており、外来生物法が施行されてからは魚類を取り上げたものもいくつか出ている。しかし、法律で規制される特定外来生物やその候補となる要注意外来生物については詳しく解説されていても、現状で日本に定着している多くの外来魚について一覧できる図鑑はこれまでに出版されていない。それどころか、定着しているにもかかわらず、図鑑にも取り上げられないままの外来魚もある。せめて日本の野外で実際に見つかる外来魚をすべて取り上げた図鑑があれば、外来魚はもとより、外来種問題全体への理解が深まるに違いない。そんな思いから編まれたのが本書である。

カメラマンの松沢さんはスキューバダイビングのベテランであり、水中写真の技術は折り紙付きである。生時の姿を捉えた鮮明な写真は、正確な同定のための強力なツールとなるだけでなく、外来魚の生き様を余すことなく描写している。また、鰭の形や微妙な色合いなど、魚の特徴をより詳細に記録するために標本写真は必須だが、松沢さんは標本作製とその撮影技術を身につけた数少ないカメラマンでもある。結果、非常にわかりやすい外来魚の図鑑が出来上がった。自然にしろ不自然にしろ、それらを理解する第一歩はそこにいる生物の名前を知ることから始まる。本書がきっかけとなり、多くの人たちが日本の外来魚の現状を認識し、自然史を尊重する価値観を持てるようになれば幸いである。

2008年6月12日

瀬能　宏

The Worst 100

国際自然保護連合の
侵略的外来種ワースト100のうちの魚類

日本生態学会が選んだ
日本の侵略的外来種ワースト100のうちの魚類

日本の外来魚ガイド 目次

国外外来種

国内外来種

事例

コラム

日本の外来魚リスト

※本リストは『外来種ハンドブック』（日本生態学会編、2002年）の外来種リスト（魚類）に最近の情報に基づいて若干の修正を加えたものである。
※科と種の配列は『日本産魚類検索第二版』（中坊徹次編、東海大学出版会、2000年）に準拠した。

国外外来種

コイ目	コイ科	コイ
		ギンブナ
		オオタナゴ
		タイリクバラタナゴ
		ハクレン
		コクレン
		ゼブラダニオ
		パールダニオ
		ソウギョ
		アオウオ
		テンチ
	ドジョウ科	カラドジョウ
		ヒメドジョウ
ナマズ目	アメリカナマズ科	チャネルキャットフィッシュ
	ヒレナマズ科	ヒレナマズ
	ロリカリア科	マダラロリカリア
サケ目	サケ科	ニジマス
		ブラウントラウト
		カワマス
		レイクトラウト
		ベニザケ（ヒメマス）
		マスノスケ
		ギンザケ
		シナノユキマス
タウナギ目	タウナギ科	タウナギ
トウゴロウイワシ目	トウゴロウイワシ科	ペヘレイ
カダヤシ目	カダヤシ科	カダヤシ
		グッピー
		コクチモーリー
		グリーンソードテール
		サザンプラティフィッシュ
スズキ目	タカサゴイシモチ科	インディアングラシィフィッシュ
	スズキ科	タイリクスズキ
	サンフィッシュ科	ブルーギル
		オオクチバス
		コクチバス
	カワスズメ科	ジルティラピア
		ティラピア・ブッティコフェリ
		コンビクトシクリッド
		カワスズメ
		ナイルティラピア
		オトファリンクス・リトバテス
	ドンコ科	ヨコシマドンコ
	ゴクラクギョ科	チョウセンブナ
	タイワンドジョウ科	コウタイ
		タイワンドジョウ
		カムルチー

国内外来種

目	科	種
コイ目	コイ科	コイ
		ゲンゴロウブナ
		ギンブナ
		ニゴロブナ
		ヤリタナゴ
		アブラボテ
		カネヒラ
		イチモンジタナゴ
		シロヒレタビラ
		アカヒレタビラ
		ゼニタナゴ
		ワタカ
		ハス
		オイカワ
		カワムツ
		ヌマムツ
		タカハヤ
		モツゴ
		シナイモツゴ
		ビワヒガイ
		ムギツク
		タモロコ
		ホンモロコ
		ゼゼラ
		カマツカ
		ツチフキ
		ズナニゴイ
		ニゴイ
		イトモロコ
		スゴモロコ
	ドジョウ科	ドジョウ
		シマドジョウ
		スジシマドジョウ大型種
		フクドジョウ
		エゾホトケドジョウ
ナマズ目	ギギ科	ギギ
	ナマズ科	ナマズ
	アカザ科	アカザ
サケ目	キュウリウオ科	ワカサギ
	アユ科	アユ
		リュウキュウアユ
	サケ科	イワナ
		サケ
		サクラマス（ヤマメ）
		サツキマス（アマゴ）
		ビワマス
トゲウオ目	トゲウオ科	“ハリヨ”
ダツ目	メダカ科	メダカ
スズキ目	ケツギョ科	オヤニラミ
	ドンコ科	ドンコ
	ハゼ科	トウヨシノボリ
		ヌマチチブ

外来種と外来種問題

生物多様性

生物がその分布範囲（分布域）を広げる現象を生物地理学では分散と呼んでいる。分散は、その生物が歩いたり飛んだり、あるいは泳いだりすることによって能動的に起こる場合と、風に飛ばされたり海流に乗るなどして受動的に起こる場合とに大別される。いずれにしても、生物は無制限に拡がるのではなく、平地の生物であれば山脈、水生生物であれば陸地、同じ平地や水域でも熱帯性の生物なら寒冷な気候や低水温という具合に、分散を妨げる障壁（バリア）によってその範囲は制限される。つまり、どのような生物も、ある一定の分布域をもっているのだ。

障壁の成立や消失は、気候変動による寒冷化や温暖化、それに関連した海面の上昇や低下、さらには土地の隆起や沈降といった地質学的イベントによって起こるため、制限を受ける時間は最低でも数千年から数万年、大規模な地殻変動が関係していれば数百万年以上のオーダーとなる。この間、生物はその地域の物理環境に適応し、競争や食う食われるといった関係の中で、互いにさまざまな防衛戦略を進化させる。遺伝的にも独自の変化を遂げ、あるものは新しい種に分化し、互いに関係し合いながらその地域に固有で複雑な生態系を作り出す。

このようにしてできあがった生物の総体が生物多様性であり、近年では遺伝子の多様性、種の多様性、生態系の多様性という3つの段階で説明されている。遺伝子の多様性が時間の経過とともに種の多様性を生み出し、種の多様性が生態系の多様性を生み出すという図式である。生物多様性が生み出される過程は、地球と生命の歴史（自然史）そのものなのだ。

外来種とは

生物が自らの能力ではなく、人為によって自然分布域から障壁を越えて分布域外へ移動させられることを導入、移動先での生物は外来種（外来生物）という。導入には意図的な場合と非意図的な場合とがある。外来種を移入種と呼ぶこともあるが、生態学では自然に分布域を広げた生物にも「移入」という用語を使うため、今日では「移入種」を外来種という意味で使うべきではないとされている。また、帰化種という用語も人間社会における帰化との混同を避けるため、植物学以外では使われなくなりつつある。

外来種は、人為によって生物の能力を超えた移動により生じるのだから、それは先史時代より人類の移動に伴って発生していたはずである。ただし、当時の導入は時間的にきわめて緩やかで、規模的にもささやかなものであったに違いない。この状況は有史後もそれほど大きな変化はなく推移してきた。外来種問題が看過できないものとして認識されるのは、産業革命以降、人類の移動手段が飛躍的に進歩してから後のことである。船舶や自動車、航空機などによる交通の発達により、それまでとは比べものにならないくらい多くの生物が導入されるようになったのである。しかも急激に！　積み荷に紛れ込むような導入だけでなく、産業用の種苗はもちろん、鑑賞を目的として運搬される生物の増加により、逸出したり、遺棄・放逐されたりして人の管理下を離れる生物が増え、結果として大量の外来種が生じた。そしてそれは、今日も日々増加しつつある。

外来種問題

外来種は、導入された新天地の環境に適応できずすぐに姿を消す場合から、生存はするが繁殖には至らない場合（野生化と同義）、さらには繁殖して完全に定着する場合（侵入あるいは帰化と同義）まで、さまざまである。どのような場合でも外来種は、自然に分布している在来種（在来生物）に何らかの影響を与える。ある地域の在来種は、地質学的時間を共有する中で相互に防衛戦略を進化させているため、特定の種が過剰な捕食や生息場所の占有によって他の種を絶滅させることなく共存している。ここに外来種が侵入するとどうなるだろうか。もし、ある在来種が外来種の捕食に対する対抗手段を持たなければ、一方的にその種は食い尽くされてしまい、絶滅に追いやられてしまうだろう。捕食や生息場所をめぐる競争などによって在来種を絶滅に追いやり、生物多様性を著しく損なう外来種は、特に侵略的外来種と定義されている。

外来種は、その語感から外国から連れてこられた生物というイメージが強いが、本来の分布域外へ人為的に移動させられた生物すべてに適用される用語である。従って、日本国内の生物でもその生物の分布域外へ導入すれば、それが国内であっても外来種となる。このような外来種を国内外来種という。これに対して国外由来の外来種は国外外来種と呼ばれるが、両者の間に自然史への人為的介入という点で本質的な差はない。

また、外来種の定義は亜種あるいは地域集団にも適用される。同一種内の亜種間あるいは地域集団間には通常生殖的隔離がないため、他地域の個体が導入されれば交雑して遺伝子汚染を引き起こす。遺伝子汚染は外見的に認識できないことが多く、一度起こってしまうと元には戻せないという点で深刻である。交雑が進行して元の遺伝的性質が完全に変質した場合、それは種の絶滅に等しいことに留意すべきである。

ある地域の生物多様性は地質学的な時間を背景に成立するが、外来種による自然史の破壊は一瞬の出来事である。外来種は、例えそれが在来種と共存しているように見えても、その存在自体がすでに自然状態ではあり得ない不自然な状況であると認識すべきだろう。

生物多様性条約

人類の爆発的人口増加とめざましい産業の発展は、過剰な開発や汚染、乱獲、乱伐などによる自然環境の急速な劣化、消失を招き、多くの生物種の絶滅を加速させた。レイチェル・カーソンの『沈黙の春』に象徴されるように、もしこのままの状態が続けば、人類の生存基盤としての多様な生態系が近い将来失われるのではないかという危機感から、それらを包括的に保全する必要があるとの国際的機運が生まれ、1980年代の始めに国際自然保護連合が中心になって生物多様性条約の草案が創られた。この草案は3回の準備会合と7回の政府間会議を経て、1992年6月、ブラジルのリオデジャネイロで開催された国連環境開発会議（地球サミット）において、生物の多様性に関する条約（生物多様性条約）として採択されたのである。日本は同年6月13日に条約に署名、1993年12月の条約発効前の5月28日に批准した。2007年7月現在、締約国数は189か国・地域に達している。

新・生物多様性国家戦略と外来種問題

生物多様性条約の締約国となったことで、日本では外来種に対してどのような対策を講じたのだろうか。生物多様性条約第6条には、保全および持続可能な利用のための一般的な措置として、締約国が生物の多様性の保全および持続可能な利用を目的とする国家的な戦略もしくは計画を作成すると定められている。また、外来種については第8条(h)において「生態系、生息地もしくは種を脅かす外来種の導入を防止しまたはそのような外来種を制御しもしくは撲滅すること」とされた。これを受けて政府は、1995年10月31日、「生物多様性国家戦略」を閣議決定した。この中で外来種についても基本的考え方や対策などが提示されたが、例えばオオクチバスやブルーギル等については、必要に応じて各県の内水面漁業調整規則に基づき規制を行っていると述べるにとどまっており、数ある問題の一つとして扱われたに過ぎなかった。

一方、2002年3月27日に閣議決定された「新・生物多様性国家戦略」は、最初のものと比べてページ数も2倍以上となり、その内容も一気に充実したものとなっている。中でも重要なのは生物多様性を危機に陥れる3つの要因が冒頭で明記され、外来種による生態系の攪乱（かくらん）が第3の危機として位置づけられたことである。第1の危機は、開発による生息環境の破壊、消失、乱獲など、人間活動に伴う負の影響要因によって引き起こされるもの。第2の危機は、里山や草原の管理放棄といった自然に対する人間の働きかけが縮小撤退することによるものである。そして、第3の危機には外来種による影響の他に、ダイオキシンや環境ホルモンのような化学物質によるものも含められている。新・生物多様性国家戦略の策定により、わが国における外来種対策はようやくスタート地点に立ったといえるだろう。

外来生物法

2002年4月、オランダのハーグで開催された第6回締約国会議において、「生態系、生息地および種を脅かす外来種の影響の予防、導入、影響緩和のための指針原則」が決議された。この指針原則は侵略的外来種の拡散と影響を最小化するための効果的な戦略を策定するための手引きであり、総論、予防、種の導入、影響緩和の4項目に15の指針原則が割り当てられている。この中で強調されている重要な点は、予防的アプローチである。一度定着した外来種を駆除することは多くの場合、容易ではない。故に外来種問題は起こってから対処するのではなく、未然に防ぐことが重要という趣旨である。

国内外の動向を受けて、2003年12月、「移入種対策に関する措置の在り方について（答申）」が中央環境審議会から提出された。外来種の定義、在来種への影響、外来種の導入経路、国内外の外来種に対する取り組みの現状等がまとめられ、制度化（法規制）の必要性やその在り方、実施にあたっての配慮すべき事項が答申されたのである。この答申に基づき、「特定外来生物による生態系等に係る被害の防止に関する法律」（いわゆる外来生物法）が成立し、2004年6月2日に公布、翌年6月1日から施行された。

外来生物法の目的は、特定外来生物による生態系、人の生命・身体、農林水産業への被害を防止し、生物多様性の確保、人の生命・身体の保護、農林水産業の健全な発展に寄与することを通じて、国民生活の安定向上に資することとされている。ここで特定外来生物とは、国外外来種のうち、在来種の存続を脅かすなど生態系を破壊してしまうか、人に危害を加えたり健康に害を与える、あるいは産業に重大な悪影響を与えるか、与える可能性がある生物のことである。特定外来生物に指定されると、その生物の飼養、栽培、保管、運搬、輸入が全国一律で禁止され、防除が実施されることになる。違反すれば高額な罰金が課せられるきわめて強い規制である。

ただし、強い規制であるが故に、その選定プロセスは政治的な介入を受けやすく、指定による利権の侵害が予想される場合には、生態系への被害が顕著であっても指定されにくい。また、外来生物法はいわゆるブラックリスト方式のため、例えば予防原則の観点から多くの生物に輸入規制をかけようとしても、それらすべてについて問題があることを証明することは事実上困難である。これがホワイトリスト方式であれば、問題がないと証明された生物だけに輸入が許可され、他は原則輸入禁止となる。つまり、ブラックリスト方式は輸入したい側に有利な仕組みなのである。さらに、外来生物法では国内外来種は対象外であることなど、上記指針原則の理念からはほど遠い内容となってしまったことは残念なことである。とはいえ、ほとんど野放しの状態だった外来種問題の歴史をふり返れば、画期的な法律であるといえるだろう。

外来魚の何が問題か？

日本には、どのくらいの外来魚がいるのだろうか。淡水魚に限られるが、2002年に日本生態学会が編纂した『外来種ハンドブック』(地人書館) によれば、国外外来種が44種類(うち1種は海産魚だが、河川にも入る)、国内外来種が50種類あるとされている。日本産の淡水魚は外来種も含めて312種類とされているので、単純な数字の比較においても外来魚の比率がいかに高いか容易に想像できる。

外来魚は、その由来 (国外か国内か) や定着までの過程 (野生化か定着か) を問わず、生物多様性に対してなんらかの影響を与える。ただその影響が軽微か重篤か、顕在化するかしないか、顕在化した場合に看過できるかできないかといった違いがあるだけである。また、影響が軽微であったとしても、将来にわたって問題がないとは言えないことにも留意する必要がある。ここでは日本における外来魚がどのような影響を与えているのか、その可能性も含めて、1) 生物多様性への影響、2) 人体への影響、3) 産業への影響に分けて解説する。

1.生物多様性への影響

(1) 摂餌 (食べること) による影響

食べることは生物のもつ基本的属性の一つであり、外来魚は必然的に在来生物を食べることになる。食性は一般に植食性、肉食性、雑食性に分類されるが、植食性のものは藻類や水草に、肉食性のものは魚類や水生昆虫、貝類などに、そして雑食性のものは多種多様な生物に影響を与える。生態系における栄養段階を考慮すれば、大型の肉食性の魚類ほど大きな影響を与えると推測できる。特にその繁殖力が強い場合は、在来生物の地域絶滅すら引き起こしかねない。その典型的な事例がオオクチバスによる捕食の影響である。琵琶湖ではイチモンジタナゴ、宮城県の伊豆沼ではゼニタナゴ、山形県のあるため池ではメダカが、オオクチバスの爆発的な増加とともに姿を消した。同様な事例は全国各地から報告されており、その影響の大きさがうかがい知れる。捕食性の大型魚による影響は、成魚によるものだけとは限らない。オオクチバスの場合、個体数の多い稚魚期に他の在来魚の稚魚を捕食する影響が著しいことが最近わかってきた。さらに餌を捕食することに失敗するだけでも大きな影響を与える可能性がある。例えば、オオクチバスにかじられた痕のあるゲンゴロウが見つかっているが、食べられずに逃げることができたとしても、傷を負うことで繁殖効率が低下すれば個体群の維持に影響を与えるであろう。

(2) 競争による影響

生態的地位 (ニッチ) が似ている生物同

オオクチバス 滋賀県琵琶湖

士は競争関係に陥りやすい。競争関係とは、例えば餌が同じならば餌をめぐる競争に、繁殖生態が同じならば繁殖場所をめぐる競争に、生息場所が同じならばなわばり争いになるということである。在来生物同士であれば共進化の結果、餌を変える、繁殖時期をずらす、同じ生息場所でも生息水深を変えるというように、うまく棲み分けていることが普通で、だからこそ共存できるわけである。外来魚の生態的特性が在来魚のそれに重なるところがあれば、そこに競争関係が生じ、激化すればどちらかが衰退する。外来魚との競争によって在来魚が地域絶滅に追い込まれた事例には、例えば、在来のメダカと北米原産のカダヤシの関係があげられる。沖縄島ではカダヤシの侵入後、数年でメダカが駆逐された。近年、霞ヶ浦で繁殖が確認されているオオタナゴは、体サイズが大きく、産卵母貝をめぐる競争で在来のタナゴ類を圧迫する可能性が指摘されている。

水圏食物連鎖の頂点に位置するような大型肉食魚では、捕食による影響はもちろんだが、生息場所をめぐる競争でも在来種に大きな影響を与えることがある。北海道の支笏湖では、北米原産のブラウントラウトが同じく北米原産のニジマスとともに生産力の高い沿岸域を占有し、ベニザケ（ヒメマス）やウグイなどの分布が生産力の低い沖合域に限られたり、流入河川ではアメマスが生活できない状況が生じているという。

(3) 遺伝子汚染

生物の種は、お互いに生殖的に隔離されており、種間交雑が起こったとしても発生が進まずに死亡するか、交雑個体には妊性がないことが普通である。ところが同種内の亜種間あるいは地域集団間では、生殖的隔離が不完全もしくはまったく隔離機構がなく、一般に交雑個体間でも繁殖できる。もし、亜種や地域集団レベルの外来魚が導入されれば、容易に交雑して在来個体群の遺伝的性質が変化してしまう。自然状態ではあり得ない遺伝的変化をもたらすので、これを特に遺伝子汚染と呼んでいる。行政や教育現場では「汚染」という語感を嫌って遺伝的攪乱と言い換える場合があるが、在来種の追加放流による遺伝子頻度の攪乱と紛らわしいので避けるべきである。

遺伝子汚染は不可逆であり、一度起こったら元に戻せないという点で外来種問題の中でも特に深刻である。もし地域個体群全体に遺伝子汚染が拡大すれば、それは地域集団の固有性が人為的に破壊されたことを意味し、絶滅に等しい影響を与えたことになる。厄介なのは、地域集団間では外見上の差がほとんどないため、遺伝子汚染の発生を容易に認識できないことである。外見上区別がつかないほどであれば問題にならないと思われるかもしれないが、長期的には地域集団を絶滅に追いやる可能性もある。地域集団は長い時間の中でその地域の気候風土に適応しているので、遺伝的性質が急速に変化すれば、適応度が低下することがあり得るからだ。

日本産淡水魚のうち、遺伝子汚染の象徴的な事例は、在来のニッポンバラタナゴが中国原産のタイリクバラタナゴとの交雑によって絶滅に近い状態に追い込まれたことだろう。メダカでは、関東地方を中心にその地域には見られない遺伝子が検出されるが、これは善意の放流や遺棄、逸出によって導入された外来メダカが、在来メダカと交雑した結果と考えられる。遊漁目的で各地に放流されているサクラマス（ヤマメ）やサツキマス（アマゴ）、イワナといった渓流魚は、地域性が考慮されていないことが多く、遺伝子汚染を引き起こしている可能性が高い。水産放流の際、種苗に混入する魚もまた遺伝子汚染を引き起こす。琵琶湖産のコイ科魚類がアユ種苗に混入して各地に拡散しているが、導入先に同種個体群が分布していれば、容易に交雑してしまう。

(4) 生息環境の破壊

魚類の行動が生息環境を過度に改変し、水生生物の生存基盤を破壊してしまうことがある。中国原産のソウギョは、全長1mを越える大型魚で水草を大量に摂食するため、池やお堀などの除草目的で放流されることがある。このような魚を野外に放流すれば、希少な水草など特定の種の絶滅を引き起こす可能性があるだけでなく、放流数が水域生態系の中で過剰であれば、水草群落そのものを食べ尽くし、他の水生生物の産卵場所や稚魚の育成場が失われてしまうだろう。長野県の野尻湖や木崎湖では、ソウギョの放流によって水草群落が壊滅したという。コイは、水草を摂餌するだけでなく、水底を索餌によって攪乱することの影響が大きい。泥が掘り返されるために水草が育たないばかりか、大量の濁りを発生させて植物プランクトンや水草の光合成を阻害する。また、近年では大量の排泄物による水質や底質への影響も注目されている。ソウギョやコイのような大型の魚類は、一般に寿命が長いため、繁殖に至らなくても長期間にわたって生態系に大きな影響を与え続けるという視点も重要である。

(5) 感染症・寄生虫症の媒介

魚類はさまざまな感染症に罹患(りかん)するが、自然状態であれば発生範囲は局地的であり、障壁を越えた拡大はきわめて稀なことと思われる。そして、魚類の遺伝的多様性が維持されていれば、免疫力もまた多様であると期待されるため、感染症によって死亡する個体は、種族を維持するのに必要な個体数からすればごく一部のはずである。寄生虫症も同様で、魚類は多種多様な寄生虫の宿主となっているが、寄生虫は宿主なしに種族を維持できないため、寄生虫症を発症し、宿主が死亡するのはむしろ例外的なことと思われる。こうした関係は、魚類がウィルスや寄生虫と地史的な時間を共有し、相互に存続するための折り合いをつけてきた進化の産物であるといえる。

一方、外来魚が媒介する感染症や寄生虫症が在来魚にとって未知の場合は、免疫を持たない故にその影響は計り知れない。しかも外来魚の導入に伴ってそれは突然に、どこでも発症する可能性がある。確認されている外来起源の感染症は、たいてい養殖種苗の生産と水産放流が関係している。単一の種苗を同時にかつ大量に飼育するために病原体が蔓延しやすく、感染に気づかずにある地点に種苗を大量放流するため、被害を拡大させやすいのだ。広域的な在来種への感染が起これば、在来種の存続が危ぶまれる事態も招きかねない。全国的に問題となっているアユの冷水病は、北米のサケ科魚類の病気として知られていたが、日本へは1980年代に侵入したらしい。サケ科魚類やコイ科魚類の一部にも感染するとされており、在来アユはもちろん、河川の生物多様性全体に影響が及ぶかもしれない。コイヘルペスウィルス病は、1990年代にイスラエルやアメリカなどで問題になったコイの感染症だ。2003年以降、日本でも各地でコイの大量斃死を招き、在来コイへの影響が懸念されている。寄生虫症では、1999年、京都の宇治川と大阪の淀川で発生した吸虫の1種によるコイ科魚類の大量感染が知られる。この寄生虫は、中間宿主となる東アジア原産のカワヒバリガイによって導入されたと推定されている。

2. 人体への影響

(1) 危害を加える

魚類には鰭の棘に刺毒を持つものや、鋭

い歯によって咬傷を負わせる危険性のあるものが知られている。また、毒がなくても棘自体が非常に鋭く、刺傷を負わせる場合もある。これらの特性を持つ外来魚が導入されれば、人に危害が及ぶ可能性がある。2001年には東京都内の公園の池で南米原産のピラニアが繁殖したことがニュースになった。ピラニアの歯はきわめて鋭く、状況によっては咬傷を負う可能性がある。

(2) 寄生虫症

魚類はさまざまな寄生虫の宿主となるが、生食によってヒトの健康を害するものがある。コイやモツゴといった淡水魚が原因となる肝吸虫症や、アユやシラウオが原因となる横川吸虫症がよく知られている。外来魚は、国内では未知の新しい寄生虫症を媒介する可能性があり、注意が必要である。現時点で外来魚特有の寄生虫症は発見されていないようだが、外来魚も在来寄生虫の宿主となるので、その生食によって寄生虫症を発症することがある。2001年に秋田県から、オオクチバスの生食により顎口虫による寄生虫症が報告されたのは記憶に新しい。同じ顎口虫による寄生虫症は、かつてカムルチーの生食により多発した。

3.産業への影響

(1) 漁業被害

外来魚による捕食が原因で有用水産資源が著しく減少すると、漁業に大きな悪影響を及ぼす。琵琶湖では1980年代後半にオオクチバスが爆発的に増加し、入れ替わるように在来魚の漁獲量が減少した。1990年代にはブルーギルも爆発的に増加し、在来魚に大きな影響を与え続けている。外来魚が媒介する感染症によって漁業が大打撃を受けることがある。2003年10月に霞ヶ浦で発生したコイヘルペスウィルス病は、長期にわたるコイの出荷規制を余儀なくし、養魚場の経営を圧迫した。

外来魚の増加は、在来の有用水産資源を減少させるだけでなく、漁業の作業効率を著しく低下させる。オオクチバスやブルーギルが大量に入網すれば選別作業に手間がかかる。チャネルキャットフィッシュのように鰭の棘が鋭い魚種が大量に罹網すれば、網から外す作業に手間がかかるだけでなく、網が破損するといった被害も出るだろう。また、混入する外来魚が利用できない場合には、その処分にも手間や費用が発生する。

(2) 食文化の破壊

水産資源の減少は漁業への影響にとどまらず、伝統的な食文化の衰退や消滅にも直結する。琵琶湖のフナの鮒鮨は滋賀県の無形民俗文化財の一つに指定されているが、材料となるニゴロブナが著しく減少したことで庶民の味から高級料理になってしまった。ニゴロブナが減少した原因は、環境の改変による産卵場や仔稚魚の育成場の消失に加えて、オオクチバスやブルーギルといった外来魚による食害が追い打ちをかけたものと推定されている。

外来魚と法規制

明治前の輸入魚類

魚類は呼吸のための酸素を水を媒介して体内に取り入れる水生動物であり、その運搬にはかなりの困難が伴う。事実、598年（推古6年）に新羅（しんら）より鳥のカササギが持ち込まれて以来、数多くの鳥獣が日本に輸入された中で、魚類の記録はごくわずかしかない。

海外の魚類が日本に生きたまま輸入された最初の事例は、1502年（文亀2年）の中国産キンギョが有名である。キンギョはその後、数度にわたって輸入されたとされているが、酸欠に比較的強く、観賞魚としての価値が著しく高かったからこそ、手間をかけてでも輸送を試みたのであろう。キンギョ以外では1726年（享保11年）に清船により持ち込まれたタイワンドジョウの記録がある。タイワンドジョウはその後も2度にわたって輸入記録がある。この種は空気中でも呼吸できる特殊な呼吸器官（上鰓器官（じょうさい））を持つため、乾燥さえしなければ長時間の輸送にも容易に耐えたと考えられる。

明治期以降の輸入魚類

明治に入ると、1877年（明治10年）のニジマスに始まり、1991年までに実に101種類の新魚種が水産資源として輸入されている。その目的はさまざまであるが、昭和初期までの産業振興を目的とした輸入、戦中から終戦直後にかけての食料蛋白増産を目的とした輸入、そして戦後の養殖もしくは増殖を目的とした輸入に大別される。これらの中には、タイリクバラタナゴやハクレンのように輸入されたソウギョの種苗に混入にしてきたもの、チョウセンブナのように飼育目的で個人が持ち込んだものも含まれる。

これらの新魚種の中には、計画的に河川湖沼へ放流されたものもあれば、養殖施設の破損やずさんな管理による逸出、さらには経営破綻による遺棄などによって人の管理下を離れ、国外外来種となったものがある。中でも特異なのは、1925年に遊漁が目的で輸入されたオオクチバスであろう。当初は神奈川県の芦ノ湖だけに導入されたが、その後は遊漁目的の密放流によりほぼ全国に拡散した。近年では、海水魚においても海外からさまざまな魚種の種苗が輸入され、海面養殖施設からの逸出（p.22）により新たな国外外来種が生み出されている。

観賞魚の輸入

大正時代に入ると、海外の魚類が観賞魚として輸入されるようになった。昭和初期には上流階級の愛玩用にとどまり、戦時中は一次衰退したが、戦後の復興とともに広く庶民の趣味として普及した。1950年代になると観賞魚だけの原色図鑑が出版され、1960年代には飼育愛好家向けの専門雑誌が創刊されるなど、その後の飼育ブームの礎が築かれた。現在では多種多様な魚類が世界中から輸入されており、こうした観賞魚の遺棄によると思われる淡水魚や海水魚 (p.23) が各地で見つかっている。中でも沖縄では東南アジアやアフリカ、南米原産の熱帯性淡水魚が意図的に放逐され、それらが定着して大きな問題となっている (p.104)。

輸入される魚類への法規制

国外外来種問題を防止するために最も効果的な方策は、問題を起こしうる生物を日本国内に持ち込まないことであるが、2005年から施行された外来生物法の登場までは、外来種問題の防止が主目的の法律は存在しなかった。関連する法律には植物防疫法や家畜伝染予防法、狂犬病予防法、感染症予防法があるが、いずれも農作物や家畜、人の健康や衛生に関連した防疫が目的である。

魚類の防疫に関しては水産資源保護法や2003年から施行された持続的養殖生産確保法がある。前者は水産資源の保護培養による漁業の発展を目的としており、輸入防疫制度が規定されている。後者は持続的な養殖生産の確保により養殖業の発展や水産物の安定供給が目的で、国内防疫制度が規定されている。いずれも重大な影響を及ぼす伝染病の侵入や蔓延を防止するために輸入規制をとることができる。コイヘルペスウィルス症は、後者により特定疾病に指定されている。

絶滅のおそれのある野生動植物の輸入については、ワシントン条約や種の保存法によって厳しく制限されている。前者は国際取引を規制することでそれらの保護をはかることが目的である。商取引が原則禁止される附属書I掲載の魚類には、アジアアロワナやメコンオオナマズなど7種および1属がある。後者は同様な生物種を指定し、その捕獲や譲渡、輸出入などに強い規制をかけ、種の保存をはかることで良好な自然環境を保全することを主目的の一つにしている。外国産の指定魚類では、ノコギリエイ科の6種を除けば、ワシントン条約の附属書I掲載種と重複している。また、後者においては国内希少野生動植物種の生息や生育に支障を及ぼすおそれのある動植物の種を環境大臣が指定し、その導入を禁止する規定があるが、魚類に限らずそうした種が指定された例はない。

外来生物法による規制

外来生物法 (p.11) は、国外外来種を対象としており、生物多様性の確保を主目的の一つに定めた唯一の法律で、規制の程度によって3つのカテゴリーに分けられている。特定外来生物は生態系や人の生命、身体、農林水産業へ被害を及ぼすか、または及ぼすおそれのあるものの中から指定される。最も強い規制を受け、輸入や運搬はもちろん、飼養、栽培、保管、譲渡、野外へ放つことなどが原則禁止される。未判定外来生物は生態系への影響やその他被害を及ぼす疑いがあるか、実態がよくわかっていない生物が指定され、輸入する場合は事前に主務大

外来生物法における国外外来魚のカテゴリー

外来生物法によって規制を受ける生物

種類名証明書添付生物

政令で指定

主務省令で指定

特定外来生物

オオクチバス
コクチバス
ブルーギル
ストライプトバス
ホワイトバス
パイクパーチ
ヨーロピアンパーチ
チャネルキャットフィッシュ
カダヤシ
ノーザンパイク
マスキーパイク
ケツギョ
コウライケツギョ

未判定外来生物

サンフィッシュ科（特定3種以外）
パーチ科4属（特定2種以外）
ペルキクティス科4属（既輸入2種以外）
モロネ科2属（特定2種以外）
ケツギョ属（特定2種以外）
*Ictalurus*属（特定1種以外）
*Ameiurus*属
カワカマス属（特定2種以外）
Gambusia holbrooki

アカメ科（ナイルパーチを除く）
ナンダス科

ナイルパーチ
マーレーコッド
ゴールデンパーチ

ソウギョ
アオウオ
オオタナゴ
タイリクバラタナゴ
ブラウントラウト
カワマス
ニジマス
ナイルティラピア
カワスズメ
グッピー
カムルチー
タイワンドジョウ
タイリクスズキ
カラドジョウ
コウタイ
マダラロリカリア
ヨーロッパナマズ
ウォーキングキャットフィッシュ

要注意外来生物

ヨーロピアンパーチ

ケツギョ

ノーザンパイク

コウライケツギョ

臣への届け出が必要となる。届け出のあった種が生態系その他に被害を及ぼす影響があると判断された場合は特定外来生物に指定され、輸入規制を受ける。種類名証明書添付生物は特定外来生物や未判定外来生物に外見がよく似ている生物が指定され、輸入の際には外国の政府機関等が発行した証明書を添付しなければならない。

特定外来生物に指定された魚類は、オオクチバスやブルーギル、チャネルキャットフィッシュ、カダヤシなど、2007年1月現在で13種ある（p.19の図を参照）。これらの魚類を個人が野外で採集し、持ち帰って飼育するなどした場合、懲役3年以下もしくは300万円以下の罰金、法人の場合は1億円以下の罰金となり、課せられる罰則はきわめて重い。特定指定を受けた魚類には上記の種のように身近な水辺にも生息しているものがいるので注意が必要だ。未判定外来生物は、例えばサンフィッシュ科では特定指定を受けた3種を除く全種というように、輸入実績のない魚類が指定されている。

外来生物法の適用外であるが、もう一つ重要なカテゴリーに要注意外来生物がある。特定指定に伴う大量投棄の危険性があるものや、生態系等に対する被害のおそれがあるが科学的知見が不足しているとされるものなどが指定される。魚類ではタイリクバラタナゴやオオタナゴなど21種が指定されているが、ブラウントラウトのように合理的な理由がないまま特定指定が先延ばしにされているものも含まれている。

日本産魚類の移殖放流

日本在来の淡水魚の移殖放流は、いつごろ始まったのであろうか。ナマズは現在では北海道から九州までほぼ全国に分布しているが、縄文時代以降の遺跡から発掘される動物遺存体の調査から、自然分布域は西日本に限られることが近年、明らかにされた。江戸時代の文献資料も加味すると、移殖によりナマズが関東地方に達したのは江戸時代中期、東北地方へは江戸時代後期であると考えられている。

ナマズ同様に食用として重要な淡水魚にコイがある。コイは養殖の歴史が古く、2000年近く前に飼育されていた記録が残っている。飼育品種であるニシキゴイの起源は、新潟県の山間部で1781年ごろから始まった灌漑（かんがい）用のため池でのコイの飼育に端を発するという。こうした事実から、明治期よりも前に移殖放流が行われていたことは確実である。江戸時代末期の1840年代以降は、水田を利用したコイの養殖が盛んになり、養魚場の数は昭和初期には14万か所以上に達したという。種苗生産には明治期以降に導入された外来コイも利用されたことから、逸出したコイによる遺伝子汚染は、明治から昭和初期にかけて一気に進行した可能性が高い。

明治期以降、輸送手段の発達や種苗生産技術の向上は、日本産淡水魚の移殖放流にも拍車をかけた。大正時代には琵琶湖産アユの放流が各地で始まり、その種苗に混入した琵琶湖産魚類が毎年、全国に拡散し続けた。いわゆる水産放流は、サケやイワナ、サクラマス（ヤマメ）、ワカサギ、コイ、ゲンゴロウブナなど、多種多様な魚種で実施されており、種苗への他魚種の混入という問題だけでなく、放流先の在来水生生物に対してさまざまなレベルの影響を与えてきたと思われる。ドジョウやホンモロコといった在来有用魚種の養殖が各地で行われているが、多くは水田の一部を利用するなど、屋外の池で行われているため、逸出による国内外来種を生み出しやすい。

観賞魚ブームは海外の魚類だけでなく、飼育対象を日本産の淡水魚にも拡大させた。各地の観賞魚店では希少魚を中心に多種多様な淡水魚が販売されている。近年、京都の由良川水系以西に分布するオヤニラミが愛知県や関東地方の各地で見つかるなど、マニアの放逐によると思われる事例が相次いでいる。メダカは絶滅危惧種に指定されたことで野生種がブランド化し、産地別に販売されるようになった。また、飼育品種のヒメダカが小学校の教材として利用されていることもあり、遺棄や逸出が起こりやすい。

国内外来種への法規制

国内外来種問題の多くは、国外外来種に対する輸入規制と同様、理論的には生物の移動を制限することで未然に防ぐことができるだろう。しかしながら、歴史的にも社会通念上も在来種の国内での移動を法的に強く規制することはきわめて困難である。農作物に影響を与える害虫の拡散を防止するために、植物防疫法によって果実の移動を制限して功を奏した事例はあるが、それは島嶼という地理的な特性が生かされたからこそと思われる。動物愛護管理法では飼育生物の放逐を禁止したり、危険動物の厳重な管理を義務づけているが、魚類は対象外である。種の保存法では希少種の生息地に問題を起こす生物の導入を規制しているが、そのような生物が指定されたことがないのは既述のとおりである。魚類の場合、既述の持続的養殖生産確保法によって防疫を目的とした魚類の移動を制限できるが、国内外来種全体の問題からみれば、それはむしろ例外的なものである。

一方、日本では内水面漁業における資源保護の観点から、内水面漁業調整規則によって水産動植物の移殖放流を規制している場合がある。例えば滋賀県では、1951年に県内に生息しない水産動物（卵を含む）の移殖を禁止した。また、1960年代以降、福島、埼玉、新潟、山梨、長野、愛媛、佐賀の各県でも、県内に生息しない水産動植物の移殖を規制した。生物多様性の保全という観点からも評価されるべき取り組みであるが、一般市民にはほとんど知られておらず、私的放流に対しては実効性という点で大いに問題があった。国内外来種問題の解決には、法的規制も必要であるが、同時に子どもたちへの教育や一般市民を対象にした普及啓発に重きを置いた取り組みを推進すべきだ。

海水魚の外来種問題

魚類の外来種問題は、そのほとんどが淡水魚に関するもので、『外来種ハンドブック』(日本生態学会編) においても、わずか1種の海水魚が取り上げられているに過ぎない。これは、海域の外来種についての調査が立ち後れていることに加え、対象水域が広大なために在来種や生態系への影響が把握しにくいこと、海水魚では汽水・淡水魚類におけるレッドリストのような希少魚の現状を把握するシステムが確立していないことなどによるものだろう。しかしながら、海水魚においてもその特性に応じた外来種問題が存在する。

水産放流

日本の沿岸には毎年、膨大な数の種苗が放流されており、2003年には甲殻類や貝類も含めて83種、放流数は魚類だけで7,700万尾に達したという。沿岸性魚類においても、例えば日本海のヒラメに2地域集団が認められるなど、遺伝的には均一ではない場合があり、こうした魚類の種苗放流は遺伝子汚染を引き起こす可能性が高い。また、水産放流は資源量が減ってしまった有用種で行われるため、大量生産された種苗の放流は、在来個体群の遺伝子頻度にも大きな影響を与える。放流の歴史の長いマダイでは、すでに遺伝的な攪乱が生じているとの報告がある。こうした遺伝的な問題に加えて、大量に放流された種苗が摂食する生物種への影響、養殖現場で発生したウィルス性疾患や寄生虫症を天然水域へ拡散させる危険性についても留意する必要がある。生物多様性への影響の把握はもちろんだが、それを低減する放流技術の開発が急務であろう。

海外種苗の養殖と放流

海外からの活魚の輸入は1970年前後から急増し、それらの中には放流に用いられたり、畜養段階で自然水域へ逸出したりしているものがあることがわかってきた。香川県では、1990～93年の間に中国や韓国、台湾から12種の魚類が輸入された。特に韓国産のメバルは継続的に輸入され、放流もされている。日本産のメバルとは形態や遺伝的特徴に差があるとされ、遺伝子汚染が生じている可能性はきわめて高い。中国産のタイリクスズキは、1989年ごろから養殖用に輸入が始まり、1990年代になると各地の自然水域で発見されるようになった。これは生け簀から逸出したものと考えられている。この種は全長1m以上に達する大型魚類で、捕食や競争による生物多様性への影響が強く懸念されている。地域によっては在来種のスズキと置き換わってしまった例がある。また、海外産の養殖種苗には対象種以外の魚が混入したり、伝染病を持ち込む危険性もある。

観賞魚の放逐

観賞用の海水魚は、色彩が美しく飼育しやすい熱帯性の種を中心に世界中から輸入されている。近年、海流による分散の可能性がなく、日本での分布が想定できない種が本州や九州の太平洋岸で発見される事例が相次いでいる。例えば1996年10月に駿河湾の大瀬崎に出現したシテンヤッコ属の1種*Apolemichthys xanthurus*や、2002年9月に三浦半島に出現したサザナミヤッコ属の1種*Pomacanthus asfur*（右下写真）がある。いずれもインド洋の固有種であり、飼育放棄による放逐の可能性が高い。2003年6月に相模湾の富戸に出現したクマノミ亜科の1種*Premnas biaculeatus*のように、ダイバーが観察用に放流した可能性が示唆される事例もある。放逐された熱帯性海水魚の出現はたいてい一時的であるが、今後、海水温の上昇が続けば定着する可能性もある。

バラスト水による拡散

バラスト水は、船舶が空荷のとき、船舶を安定させるために積載する海水である。この海水は貨物を積み込む際に排水されるが、積載した場所のさまざまな生物が混入しているために外来種問題を引き起こす。魚類の場合、大型外航船のバラスト水に卵や稚仔が混入することで拡散すると考えられるが、実際にどの程度混入しているのかを直接調査した事例はない。状況証拠からバラスト水による導入が疑われているものに、1960年12月に山口県岩国市沖の瀬戸内海で発見されたセダカヤッコや、1986年6月に東京湾で発見された西部大西洋に固有なニベ科の1種*Leiostomus xanthurus*などがある。

一方、逆に日本から海外へ運ばれたと思われる事例もある。オーストラリアではスズキやアカオビシマハゼ、マハゼが、サンフランシスコではアカオビシマハゼやマハゼが定着した。1972年にはアラビア湾でクロヨシノボリの成魚が底曳網で漁獲されたが、これなどは大型タンカーのバラスト水に混入したものであろう。

バラスト水への対策については、国際的にはバラスト水管理条約が2004年2月に採択されている。ただし、条約の発効要件を満たすには、バラスト水処理装置の開発など、解決しなければならない課題を多く残しているという。

三浦半島で採集されたサザナミヤッコ属の1種
Pomacanthus asfur
KPM-NI 12849　瀬能宏撮影

外来種の防除

外来種問題を未然に防ぐ基本は、自然分布域外へ生物を持ち出さないこと、海外の生物であれば日本に持ち込まないことである。外来生物法をはじめとする各種関連法規によって規制はされているものの、それは一部にとどまるため、さまざまな過程を経て外来種と化してしまう生物は非常に多い。そしてすべてではないが、生物多様性や産業、人体などに看過できない影響を与えるものがいる。法規制に始まり、問題を起こした外来種の駆除や拡散の防止、在来種の保全、さらには絶滅した在来種の復元まで、これら一連の対策を防除と呼んでいる。防除と駆除は混同しやすいが、後者は防除の主要な対策ではあるが、すべてではないことに留意したい。

駆除による根絶と抑制

一般に、外来種が問題となるのは、その個体数が増えすぎた場合である。従って、防除はまずその個体数を減らすための駆除が基本となる。駆除は、目標設定の違いによって根絶（撲滅）と抑制（制御）に分けられる。前者は防除対象地域から外来種を完全に排除することで、これは外来種が侵入した直後のまだ個体数もそれほど多くなく、範囲も限られている場合に有効である。一方、抑制の目標は、外来種の個体数を影響が容認できるレベルにまで減らすことにある。外来種が爆発的に増加し、その生息域が広範な場合には、根絶は著しく困難となる。このとき、根絶ではなく抑制が選択されるが、その効果を持続させるために継続的な努力を払わねばならない。

外来種の影響があまりに広範囲に及んだ場合、それらを一律に駆除することは現実的ではない。そのような場合、絶滅の恐れのある生物が生息している場所や、産業上重要な地域など、防除の優先度の高い地域から実施される。駆除を実施する際は、その行為によって在来種への影響がないように配慮する。外来種の駆除によって同時に在来種を絶滅させてしまっては本末転倒なので、外来種の捕獲にあたってはその方法だけでなく、駆除を実施する場所や時期なども十分な検討を要する。さらに、外来種を現状以上に拡散させないための方策や、予防的な観点からそうした外来種を侵入させない方策も取る必要がある。

駆除技術

目標となる根絶や抑制が成功するかどうかは、駆除技術にかかっているといっても過言ではない。対象となる外来種の特性に合わせて、最も効果的な方法が選択されるが、複数の方法を組み合わせる場合もある。捕

外来魚回収いけす　滋賀県琵琶湖

獲は、駆除技術としては最も一般的な方法である。魚類では釣りやもんどり、刺網、投網などの各種漁具の他、電気ショックを利用する方法もある。昆虫では誘引物質を用いたトラップによる捕獲が効果を上げている例がある。捕獲の場合、在来種の混獲をいかに減らすかが課題となろう。繁殖抑制も駆除の技術として有効である。不妊化した個体を放す方法で農作物の害虫であるウリミバエを根絶した事例はあまりに有名である。魚類ではオオクチバスでパイプカットが試みられているが、この種の場合、不妊化個体の放流は在来種への捕食圧を高めてしまうので要注意だ。むしろ特定の場所に産卵、卵保護する習性を逆手にとり、産卵床を破壊したり親魚を捕獲する方法が効果的である。天敵の導入は生物防除と呼ばれ、時に効果を発揮するが、天敵自体が外来種問題を引き起こす場合があり、その実施にあたっては特に慎重な態度が要求される。薬殺は害虫への対策として有効な場合があるが、環境への影響はもちろん、在来種への大きなリスクを伴うため、実施されるにしてもきわめて限定的なものとなろう。その他、特定の種にだけ感染するウィルスを利用する方法も海外で実践例があるが、耐性株の出現や薬殺同様に在来種へのリスクが大きい。

復元

在来種が外来種によって大きな影響を受けた場合、元の状態に復元する措置が取られるだろう。在来種が絶滅してしまった場合、同じ種を導入することを再導入という。また、個体数が著しく減少して回復が危ぶまれる場合は、同じ種の個体を追加することになるが、これを補強と呼んでいる。もはや再導入も補強もままならず、他の適切な場所にある種を定着させようとする行為は保全的導入である。いずれの場合も在来種が健全であった状態にできるだけ近づけることが目標となるが、地域集団の遺伝的な特性には十分配慮する必要がある。例えば再導入や補強の際に異なる地域集団を導入すれば、新たな国内外来種問題を引き起こしてしまう。魚類では、2005年に日本魚類学会が策定した「生物多様性の保全をめざした魚類の放流ガイドライン」が同学会のホームページ※に公開されているので、復元の際に参考にされたい。

※http://www.fish-isj.jp/iin/nature/guideline/2005.html

用語解説

遺棄／いき▶飼育管理を管理者が放棄し、生物を野外に放つもしくは置き去りにすること。

移殖（移植）／いしょく▶繁殖保護や栽培などの目的で動植物をある場所から別の場所へ移動させること。移殖先を移殖地、その結果としてできあがった分布が移殖分布。導入の意味で使う場合も多い。動物では「移殖」、植物では「移植」を使う。

遺伝子汚染／いでんしおせん▶遺伝的攪乱のうち、交配によって異なる遺伝的性質が他方へ伝わる場合をいう。繁殖適応度が低下したり、遺伝的固有性が失われる原因となる。

逸出／いつしゅつ▶飼育管理下にあった生物が管理者の意図に反して逃げ出すこと。

遺伝的攪乱／いでんてきかくらん▶ある集団の自然状態で保たれている遺伝子頻度や遺伝的性質が人為によって著しく変化させられること。外来種の導入だけでなく、飼育繁殖させるなどして遺伝的多様性が低下した在来種の大量放流によっても起こりうる。

移入（移入種）／いにゅう・いにゅうしゅ▶移入は導入と同義で、人為的に生物を現在もしくは過去の自然分布域の外へ移動させること。移入された生物を移入種（移入生物）という。移入種は外来種と同義に用いられたが、生態学では自然状態で分布が拡大した場合にも移入が使われるので、現在では外来種の使用が推奨されている。

外来種（外来生物）／がいらいしゅ・がいらいせいぶつ▶過去または現在の自然分布域の外に導入された生物で、種以下のあらゆる分類群であり、生存し、繁殖できるあらゆる器官、配偶子、種子、卵、無性的繁殖子を含む。「外来種」と「外来生物」は同義であり、日本生態学会がまとめた『外来種ハンドブック』では英語との対訳（外来種＝alien species）の関係から前者が使われており、本書ではこれに準拠した。ただし、今では外来生物法の施行や報道などによって「外来生物」のほうが一般化している。また、種よりも下位の亜種や個体群も問題として扱うため、「種」よりも「生物」のほうが誤解は少ない。

帰化（帰化種）／きか・きかしゅ▶外来種が定着した状態のことで、定着した生物を帰化種というが、帰化は人間社会で制度化された言葉であり、無用な混乱を避けるため、生物に用いるべきではないとされる。

駆除／くじょ▶被害を及ぼす生物を対象となる場所から取り除くこと。追い払う場合は駆逐だが、駆除と同義に用いられることも多い。

原産地／げんさんち▶通常はその種の自然分布域のことを指す。ある個体が他所から導入された場合、その産地も原産地という場合があるが、その種の自然分布域とは限らないので注意が必要。

交雑／こうざつ▶種や亜種といった異なる分類単位間で交配すること。種間では種間交雑、亜種間であれば亜種間交雑のように使う。遺伝的に異なる地域個体群間で交配する場合にも用いられる。

国外外来種（国外外来生物）／こくがいがいらいしゅ・こくがいがいらいせいぶつ▶国外に起源する外来種。単に外国に起源する生物の意味ではなく、国境を越えることが同時にその生物の自然分布域外への導入になる場合に適用される。

国内外来種（国内外来生物）／こくないがいらいしゅ・こくないがいらいせいぶつ▶国内に起源する外来種。九州にしか分布しない生物を関東地方へ導入すれば国内外来種となる。

国内分布／こくないぶんぷ▶国家の管轄範囲内の分布のこと。

婚姻色／こんいんしょく▶繁殖期や繁殖行動のときにだけ現れる特有な色彩。

根絶（撲滅）／こんぜつ・ぼくめつ▶防除の目標の一つで、問題になっている場所から被害を及ぼす生物を完全に取り除くこと。

再導入／さいどうにゅう▶絶滅した在来種の生息場所に、導入によって集団を復元させようとすること。

在来種（在来生物）／ざいらいしゅ・ざいらいせいぶつ▶ある地域に自然に分布している生物。地史的な時間と適応進化の歴史、すなわち自然史を背負っている。

自然分布／しぜんぶんぷ▶自然史に基づいた生物本来の分布のこと。

種類名証明書添付生物／しゅるいめいしょうめいしょてんぷせいぶつ▶外来生物法の規制対象の一つで、特定外来生物もしくは未判定外来生物に該当しないことが容易に確認できる生物以外の生物。紛らわしい生物を輸入する際には、政府機関等が発行した証明書を添付しなければならない。

侵入／しんにゅう▶外来種（外来生物）が非意図的あるいは能動的にある地域へ分布を拡大すること。

侵略的外来種／しんりゃくてきがいらいしゅ▶外来種のうち、生物多様性に著しい悪影響を与える生物。

生殖的隔離／せいしょくてきかくり▶2種間あるいはそれ以下の分類単位間において、交配しても受精しなかったり、発生が正常に進まなかったりして子孫を残せない状態のことで、その有無は種を分かつ基準となる。

水産放流／すいさんほうりゅう▶漁業や遊漁など水産業の振興を目的とした放流。放流とは正当な目的の下に計画的に行われるものであり、放逐や遺棄とは使い分ける必要がある。

生態的地位（ニッチ）／せいたいてきちい▶種ごとに特有な最小の生息場所のことで、そこには単に物理的な空間という意味ではなく、時間はもちろん、生物的環境や競争や捕食・被捕食のような種間関係も含まれる。

生物防除／せいぶつぼうじょ▶駆除や抑制のための方法の一つで、捕食者や不妊個体、ウィルスなどを放って行う防除。

托卵／たくらん▶他種または同種の他個体に自身の卵の世話をさせる繁殖習性のこと。

稚魚／ちぎょ▶形態的に種の特徴が現れているが、各部の特徴は発現の初期段階にあるもの。鱗のある魚では鰭条が定数に達した後、鱗が完成するまでの段階。

定着／ていちゃく▶生物が新しい生息地で自然繁殖し、個体群を維持できるようになった状態。

導入／どうにゅう▶意図的、非意図的を問わず、人為によって生物を過去または現在の自然分布域の外へ移動させること。

特定外来生物／とくていがいらいせいぶつ▶外来生物法の規制対象のひとつで、生態系、人の健康や生命、農林水産業へ重大な被害を及ぼすか、またはその可能性があるとして政令により指定された国外外来生物。

内水面漁業／ないすいめんぎょぎょう▶各都道府県単位で制定された内水面漁業調整規則に基づき内水面（海水面の対語で川や湖沼など淡水域を指す）で営まれる漁業。ただし、霞ヶ浦や北浦、琵琶湖は淡水の湖だが、漁業法上は海区として扱われている。

妊性／にんせい▶繁殖できる能力が備わっていること。稔性ともいう。

発眼卵／はつがんらん▶卵発生の過程で、眼に黒色素胞が発現し、外部から眼として認識できる状態になった段階の卵。

分散／ぶんさん▶生物が分布域を広げること、またはその過程。歩いたり泳ぐなどして自ら広がる能動的分散と、風や海流に運ばれるなどして広がる受動的分散に分けられる。

防除／ぼうじょ▶外来種による被害を防止するための一連のプログラムのこと。駆除や侵入予防、分布拡大の防止などが行われる。

放逐／ほうちく▶飼育管理を管理者が放棄し、生物を野外に放つこと。遺棄とほぼ同義で用いられる。

補強／ほきょう▶現存する集団の存続が個体数の極端な減少などによって危ぶまれる場合、同種の個体を加えてその集団の維持を図ろうとすること。

保護／ほご▶保全生物学的には法整備や施策など人為的な取り組みによって生物を維持することだが、傷病を負った個体等を一時的に飼育管理する場合にも用いられる。

保全／ほぜん▶生物や生態系をより自然に近い状態で維持できるよう総合的に管理すること。

保全的導入／ほぜんてきどうにゅう▶保全の目的で、もとの分布域外の適切な生息場所に、ある種を定着させようとすること。論理的には外来種を作り出すことと同義であり、その実施にあたっては必要性も含めて慎重な態度が要求される。

保存／ほぞん▶人工的な環境下で生物を維持すること。

野生化／やせいか▶野外に逸出した外来種がその環境下で継続的に生存しているが、まだ定着していない状態。

未判定外来生物／みはんていがいらいせいぶつ▶外来生物法の規制対象のひとつで、生態系、人の健康や生命、農林水産業へ重大な被害を及ぼす疑いがあるが、実態のよくわかっていない国外起源の生物が指定される。

名義タイプ亜種／めいぎたいぷあしゅ▶動物の学名の命名法上の用語。ある種を複数の亜種に細分する際、元の学名を受け継ぐ亜種のこと。かつては基準亜種や原亜種などと呼ばれていた。オオクチバス*Micropterus salmoides*は、*M. salmoides salmoides*と*M. salmoides floridanus*の2亜種に分類されているが、種の学名の種小名*salmoides*を亜種の学名に受け継いだ前者を名義タイプ亜種という。

幼魚／ようぎょ▶発育段階の未熟な魚の一般的な呼称。専門用語として定義されていないが、肉眼で容易に見える大きさに達した稚魚や、成魚とは一見して形態や色彩が異なる若魚に相当する。

要注意外来生物／ようちゅういがいらいせいぶつ▶外来生物法の規制対象外だが、生態系に悪影響を及ぼしうるとして、環境省により指定された国外外来生物。

抑制（制御）／よくせい・せいぎょ▶防除の目標の一つで、問題になっている場所において被害を及ぼす生物の個体数を減らし、影響を許容範囲まで軽減すること。

流入河川／りゅうにゅうかせん▶ある場所を基準にした場合、そこに流れ込む河川をいう。

凡例

掲載種

本書では、日本に定着している魚類の国外外来種47種と国内外来種47種9亜種を収録した。ただし、国外外来種については、かつて定着したことがあるが、近年では繁殖が確認されていないもの、また継続的に放流されているが野生化に留まっているものが一部含まれている。

掲載種の配列と名称

科の配列、標準和名、学名は原則として中坊徹次編『日本産魚類検索第二版』(東海大学出版会、2000年)に従ったが、種の学名については最新の研究成果を反映するよう努めた。また、学名の著者と公表年は、Catalog of Fishes (http://research.calacademy.org/research/ichthyology/catalog/fishcatsearch.html) に準拠した。

標準和名のない科の日本語名については、上野輝彌・坂本一男著『新版魚の分類の図鑑』(東海大学出版会、2005年) に準拠し、種についてはFishBase (http://www.fishbase.org/search.php?lang=English) に採用されている英名 (FishBase name) の読みをカタカナで表記した。また、種に適当な英名がない場合は、学名の読みをカタカナ表記した。

体サイズ

誰にでも直感的に魚の大きさが理解できるように全長で示した。見出しの上に記したサイズは文献の値を参考に執筆者の現場での経験を加味した平均的な最大推定値である。標本写真の下に記したサイズはその個体の実測値である。

形態と生態

その種を見分けるための一般的な特徴と、生息場所や産卵生態について、文献情報に筆者の観察結果を加味して概説した。

在来種への影響・移殖史

国外外来種については、導入年や導入経路、原産地、移殖地、在来種に対する影響を文献から引用し、筆者の考えも加味して概説した。また、特定外来生物に指定されるなど特に重要な種については事例として取り上げ、詳述した。

国内分布

国外外来種の日本国内における分布地を記した。文献と筆者が得た情報を参考にできる限り定着している地点を記したが、一部現状を把握できていない場所も含まれている。

移殖分布

国内外来種の日本国内における分布地を記した。文献と筆者が得た情報を参考にできる限り定着している地点を記したが、一部現状を把握できていない場所も含まれている。

原産地

その種本来の分布域のことで、原則として国外外来種については国単位、国内外来種については都道府県単位で記した。分布域が広い場合にはできる限り大きな地名を使って簡潔に記すよう努めた。

写真

サザナミヤッコ属の1種 (p.23) を除きすべて松沢が撮影したものである。水槽撮影や鮮時の標本写真の場合は採集地に「産」を付すことで生態写真と区別した。また、水槽撮影や標本撮影に供した魚のほとんどは、神奈川県立生命の星・地球博物館の魚類資料として登録保管した。

執筆分担

図鑑部分の解説とコラムは松沢、全体の監修と図鑑解説以外の本文ならびに各事例、コラム「複雑なサケ・マス類の生活史」の執筆は瀬能が担当した。

参考文献

文献は巻末に一括して掲載したが、誌面の都合上、引用の形態をとることができなかった。また、掲載文献は主要なものに限られる。

各部の名称

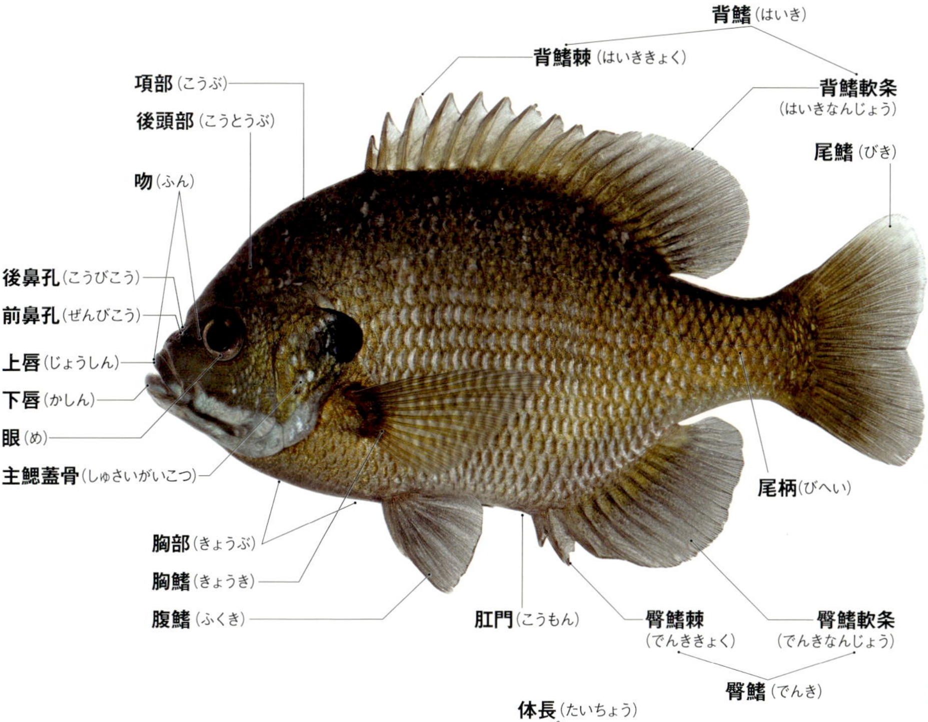

背鰭（はいき）
背鰭棘（はいききょく）
背鰭軟条（はいきなんじょう）
項部（こうぶ）
後頭部（こうとうぶ）
尾鰭（びき）
吻（ふん）
後鼻孔（こうびこう）
前鼻孔（ぜんびこう）
上唇（じょうしん）
下唇（かしん）
眼（め）
主鰓蓋骨（しゅさいがいこつ）
尾柄（びへい）
胸部（きょうぶ）
胸鰭（きょうき）
腹鰭（ふくき）
肛門（こうもん）
臀鰭棘（でんききょく）
臀鰭軟条（でんきなんじょう）
臀鰭（でんき）

体長（たいちょう）
体高（たいこう）
脂鰭（しき）
側線（そくせん）
横帯（おうたい）
縦帯（じゅうたい）
※縦条（じゅうじょう）ともいう
全長（ぜんちょう）

コイ目　コイ科　タナゴ亜科　タナゴ属　｜ **全長180mm**

オオタナゴ *Acheilognathus macropterus* (Bleeker, 1871)

オオタナゴ　茨城県霞ヶ浦産
オスの婚姻色はそれほど鮮やかではなく、派手さはない。現在のところ、国内では茨城県の霞ヶ浦、北浦とその流入河川でのみ確認されている。初めて確認されてからわずか数年で湖全域に分散するほど増えており、個体数は非常に多い。

国内分布
茨城県（霞ヶ浦、北浦）

原産地
中国、朝鮮半島、アムール川

●形態と生態：メスや若魚の背鰭、臀鰭の外縁は直線的で、オスの成魚でもほとんど丸みを帯びないため、全体的に角ばった印象を受ける。また背鰭および臀鰭の第3不分枝軟条はよく発達しており硬い。口ひげは1対あるが短く目立たず、肩部には暗青色の鮮明な小さい斑紋がある。主に水底近くを遊泳し、霞ヶ浦では沿岸から沖合いまで、広範囲にその姿が見られる。しかし冬になると水深4m前後の場所でまとまって釣れることが多いことから、このような深場で群れになって越冬しているようだ。産卵期は朝鮮半島では4～6月で、霞ヶ浦でもこのころに婚姻色に彩られたオスや、産卵管が伸びたメスが採集できることから、ほぼ同時期に産卵期を迎えていると考えられる。付着藻類や水生動物を食う雑食性。

●在来種への影響・移殖史：在来のタナゴ亜科との間に餌、産卵のための二枚貝をめぐる競争が生じている可能性がある。2001年に霞ヶ浦で初めて確認されたが、その時点で多数の2歳魚が採集されていることから、1999年にはすでに繁殖していたと考えられている。さらに隣接する北浦でも、2003年ごろから生息が確認されている。導入経路として観賞魚の投棄、またはコイの輸入種苗への混入が考えられている。

オオタナゴ ♂
全長104mm　茨城県霞ヶ浦産

オオタナゴ ♀
全長96mm　茨城県霞ヶ浦産

オオタナゴ 幼魚
全長47mm　茨城県小野川産

類似種

カネヒラ ♂
Acheilognathus rhombeus
全長112mm　岡山県産

カネヒラ ♀
Acheilognathus rhombeus
全長81mm　岡山県産

コイ目　コイ科　タナゴ亜科　バラタナゴ属　｜ 全長70mm

タイリクバラタナゴ *Rhodeus ocellatus ocellatus*（Kner, 1866）

タイリクバラタナゴの産卵　茨城県北浦産
産卵の瞬間。メスは産卵管を二枚貝の出水管に差し込み、卵を産み付ける。タナゴ亜科の中でも特に美しい種類だが、日本固有亜種のニッポンバラタナゴと容易に交雑するため雑種化が進み、純粋なニッポンバラタナゴが減少している。

国内分布
北海道、本州、四国、九州

原産地
中国、朝鮮半島、台湾

●形態と生態：体は著しく側扁し、特に成熟したオスは体高が高くなる。西日本に分布する亜種ニッポンバラタナゴに酷似するが、より大きく成長し、腹鰭前縁が白いことが特徴。また婚姻色はニッポンバラタナゴほど赤みが強くない。メスの産卵管は長く、最も長いときで体長の2倍に達する。産卵管は全体が灰白色で、基部が淡いオレンジのニッポンバラタナゴと異なる。河川下流域や湖沼、細流に生息し、主に付着藻類などの植物質を好むが、小型の水生生物も食う雑食性。産卵期は4〜10月ごろまでと長い。産卵期初期に生まれた魚は、その年のうちに成熟し産卵を行う。

●在来種への影響・移殖史：ニッポンバラタナゴとの交雑のほか、在来のタナゴ亜科との間には、餌や産卵用二枚貝をめぐる競争が起きていると考えられている。タイリクバラタナゴの産卵期は長く秋まで及ぶため、神奈川県のため池では生息していたゼニタナゴと置き換わってしまった例もある。本種は、1942年に中国から輸入されたソウギョの種苗に混入していたことが確認されている。このことから野外への侵入時期は、大量にソウギョ種苗が移殖されている1942年前後だろうと考えられている。自然下では1945年から利根川水系で確認されるようになった。【事例01：p.34-35】

タイリクバラタナゴ ♂
全長67mm　茨城県北浦産

タイリクバラタナゴ ♀
全長65mm　茨城県北浦産

タイリクバラタナゴ 幼魚
全長26mm　茨城県小野川産

類似種

ニッポンバラタナゴ ♂
Rhodeus ocellatus kurumeus
全長51mm　熊本県産

ニッポンバラタナゴ ♀
Rhodeus ocellatus kurumeus
全長43mm　熊本県産

事例 case 01 タイリクバラタナゴ

タイリクバラタナゴは、戦時下の1942年に輸入された揚子江産のソウギョ等の種苗に混入していた3個体が日本での初確認となるが、この前年以前に輸入された種苗にも混入していた可能性が指摘されている。これら混入種苗の天然水域への導入に関連し、1945年ごろから利根川水系で見られるようになり、1950年夏ごろから茨城県霞ヶ浦や北浦で繁殖が確認された。琵琶湖に導入されたものは、卵あるいは仔魚が入ったイケチョウガイが、1960～61年にかけて霞ヶ浦から導入されたことに起源すると考えられている。1960年代後半までに、本種が琵琶湖の湖東部の内湖や周辺のため池などで著しく繁殖したとの報告がある。1970年代には一気に分布域が拡大し、数県を残してほぼ全国で記録されるようになった。

タイリクバラタナゴが全国的に分布を拡大した主要因は、琵琶湖産アユ種苗への混入と考えられている。上記の分布拡大の経時的変化は、この仮説を裏付けている。また、本種は丈夫で飼いやすく、美しいために、デパート等の観賞魚店で1960年代から普通に販売されていた。アユが放流されない各地の池沼にも本種は多数生息しており、放逐も分布拡大の大きな要因になっているとみて間違いない。

タイリクバラタナゴは、在来のニッポンバラタナゴとは亜種の関係にある。後者の自然分布域は濃尾平野以西の本州、四国北西部、九州北部であるが、これらの地域にもタイリクバラタナゴが拡散した。両亜種は外見が非常によく似ているが、タイリクバラタナゴは体高が高く、体サイズが大きい。そして腹鰭前縁が明瞭に白いことがニッポンバラタナゴとのよい区別点になる。1970年代の調査によれば、ニッポンバラタナゴの分布域は大阪平野の一部のため池や九州北部に縮小しており、ほとんどの地域でタイリクバラタナゴに置き換わってしまった。

この変化は、競争によってニッポンバラタナゴが排除されたのではなく、両亜種の交雑によるものであることがわかっている。ニッポンバラタナゴが分布していた地域から採集されたタイリクバラタナゴの特徴を持つ個体同士が交配すると、腹鰭前縁が白くないニッポンバラタナゴの特徴を持つものが少数生まれてくるのだ。問題は交雑個体にも妊性があり、交雑を繰り返すことで子の表現型が徐々にタイリクバラタナゴになってしまうことである。なぜ表現型がタイリクバラタナゴになっていくのかについては、タイリクバラタナゴの特徴を持つ個体のほうが体サイズがやや大きくなることに関係があるとみられている。産卵床となる二枚貝を確保するための争いになったとき、大きいほうが有利なので、徐々にニッポンバラタナゴの特徴が淘汰されていくというわけだ。このような現象は遺伝子汚染そのものであるが、見かけ上は外来種に置き換わってしまうので、もやは遺伝的侵略といっても過言ではない。タイリクバラタナゴによって引き起こされた問題は、日本産淡水魚の固有亜種が遺伝子汚染によって絶滅寸前にまで追い込まれた事例として特筆すべきものである。

ところでタイリクバラタナゴは繁殖力が旺盛であり、爆発的に増えることがある。これは、春先に生まれた成長のよい個体がその年の秋までに成熟し、産卵するためと考えられている。神奈川県内のある小さなため池には、1980年まで付近の河川由来のゼニタナゴが生息していた。1981年、ため池の水源地が埋め立てられ、二枚貝から浮上した仔魚が水質悪化により全滅した。また、1982年には護岸工事が行われ、冬季の著しい水位低下が続いた。結局、1981年の記録を最後にゼニタナゴは確認できなくなった。一方、1983年になってこのため池でタイリクバラタナゴ1個体が初めて確認された。タナゴ類の産卵床となる二枚貝は豊富に生息しており、この時点までのゼニタナゴの減少は上記工事による影響とみて間違いない。また、タイリクバラタナゴは人為的に放流されたものと思われる。

その後、ゼニタナゴは絶滅したものと考えられていたが、1993年に少数であるが再発見され、1994年にも3個体が確認されたのである。ただし、1993年の再発見時には、タイリクバラタナゴが爆発的に増加しており、その数は採集された魚類や甲殻類全体の85%を占めていたという。1994年の記録を最後に神奈川県産のゼニタナゴは野生絶滅したものとみなされているが、その直接の原因はタイリクバラタナゴの増加による影響と考えられている。産卵母貝をめぐる競争により産卵の失敗が続いたか、ゼニタナゴが産卵した貝に後からタイリクバラタナゴが大量に産卵し、その貝が窒息死したのではないかと推測されている。

コイ目　コイ科　アブラミス亜科　ハクレン属　|　全長800mm

ハクレン *Hypophthalmichthys molitrix* (Valenciennes, 1844)

ハクレン　さいたま水族館
ハクレン、コクレン、ソウギョ、アオウオの4種を中国では四大家魚と呼び、養殖が盛んに行われている。どの種も全長1mを超える大型魚で成長も早いため、重要な食用魚となっている。

国内分布
利根川・江戸川水系、淀川水系で自然繁殖
北海道、沖縄を除く国内各地に移殖

原産地
中国、アムール川

●**形態と生態：**眼が口よりも下方にあり、独特な顔つきをしている。主にプランクトン植物を食うため、鰓耙数はきわめて多く900以上ある。河川下流域や湖沼などに生息し、国内の主要繁殖地である利根川水系では利根川本流や江戸川の下流域、さらに利根川につながる霞ヶ浦や北浦に多く生息している。成魚は本流で生活するが、幼魚は本流につながる水深の浅い運河などにも見られる。産卵期は水温が18℃を越える6～7月ごろで、大雨による増水が引き金となって一斉に行われる。産卵直前には集団でジャンプする様子が観察されており、1mの巨体が一斉に飛び跳ねる光景はかなりの迫力。ただしこのような行動は、産卵が始まるといっさい見られなくなる。産み出された卵は水中を漂いながら下流へと流されてゆき、水温20℃前後でおよそ40～50時間で孵化する。利根川で見られる四大家魚の中では最も数が多い。

●**在来種への影響・移殖史：**主にプランクトン植物を食っているため、個体数が最も多い利根川でも在来種に対しては今のところ影響がないと考えられる。1878年以降、ソウギョ種苗に混入して中国から輸入されており、そのうち1943年、45年の種苗を利根川に移殖している。全国の湖沼にも放流されているが繁殖はしていない。最近はハクレンのジャンプが一般にも広く知られるようになり、産卵日には産卵場所となる埼玉県栗橋町や茨城県五霞町の利根川に多くの人が訪れる。

夕日に照らされて輝くハクレン　茨城県利根川
ハクレンがなぜ産卵前にジャンプするのか、その理由はわかっていない。音や流下物に驚いているだけだという説もあるが、大雨で増水してから産卵が始まるまでの間に集中して観察されることから、興奮状態にあることも関係しているのだろうか。

ハクレン
全長911mm　茨城県利根川産

ハクレン 幼魚
全長93mm　養殖個体

ハクレンの産卵　茨城県利根川
産卵は水面付近で行われる。ほかにソウギョ（p.42）が水面で産卵するが、コクレン（p.39）やアオウオ（p.44）は水中で行うという。

産卵場へ溯上するハクレンの群れ　茨城県常陸利根川
利根川下流には巨大な利根川河口堰が、そしてすぐ隣を流れる常陸利根川には常陸川水門があり、ここで多くのハクレンの溯上が妨げられる。わずかに開放された部分に集中して上流を目指す。

ハクレンの卵　茨城県利根川
産卵時に水中に網を沈めると、わずか数秒でたくさんの卵が入る。産卵直後には直径2mmの卵が、およそ1時間後には5mmに膨らむ。

ハクレンの孵化仔魚
ハクレンを含む四大家魚はすべて流下性の浮遊卵を産むため、海まで流される前に孵化しなくてはならない。写真の仔魚は産卵翌日のもの。

コイ目　コイ科　アブラミス亜科　コクレン属　｜ 全長1,000mm

コクレン *Aristichthys nobilis* (Richardson,1845)

コクレン　さいたま水族館
自然繁殖が唯一確認されている利根川水系でも、コクレンの個体数は極端に少ないため、繁殖の際に雌雄が出会う確率も相当低いと考えられる。ただし流下卵からコクレンの稚魚が得られていることから、産卵が行われていることは間違いない。

国内分布
利根川・江戸川水系で自然繁殖
淀川（採集記録あり）

原産地
中国、アムール川

コクレン 若魚
全長184mm　養殖個体

コクレン 幼魚
全長79mm　養殖個体

●**形態と生態：**ハクレンに似るが体側に暗色斑があることや、腹鰭基部から臀鰭後端までの腹縁がキール状になる点（ハクレンでは喉から臀鰭後端）で識別できる。また、背面から頭部を観察するとコクレンのほうが幅広い。主にプランクトン動物を食うため、鰓耙数はハクレンほどではないが、およそ460と多い。利根川水系に生息するが個体数はきわめて少なく、釣りや漁で捕獲されることは滅多にない。産卵はハクレンと同じ埼玉県栗橋町周辺で行われており、流下卵を採集すると数多くのハクレンの卵の中に、わずかにコクレンの卵が混じるという。茨城県北浦では、1m40cmの大型個体が捕獲された記録がある。

●**在来種への影響・移殖史：**生息地が限られ個体数が少ないことから、今のところ在来種に対する影響はないと思われる。ハクレンと同じく、1878年に中国から輸入されたソウギョ種苗に混入していたと考えられており、利根川には1943年、45年に移殖されている。1974年には大阪府を流れる淀川からも採集の記録があるが、これは放流した利根川産のハクレン種苗に混入していたと考えられており、繁殖はしなかったようだ。

コイ目　コイ科　ダニオ亜科　*Danio*属　｜　**全長40mm**

ゼブラダニオ *Danio rerio* (Hamilton,1822)

ゼブラダニオ　沖縄県沖縄島産
鰭を広げて相手を威嚇するゼブラダニオ。飼育下ではしばしばこのような行動を観察することができるが、性質は温和で相手を徹底的に傷つけることはない。

国内分布
沖縄県（沖縄島）

原産地
インド、パキスタン、ネパール、バングラディッシュ、ミャンマー

ゼブラダニオ
全長42mm　沖縄県沖縄島産

"レオパードダニオ"
全長42mm　沖縄県沖縄島産

●形態と生態：ゼブラダニオの色彩は非常に特徴的で、体側にある5本の濃紺色の縦帯がよく目立つ。原産地では丘陵を緩やかに流れる小川やその淀みに生息し、特に水田地帯に多く見られるが、動きはすばやく、常にせわしなく泳ぎ回るという。主に小型の水生生物を食う。観賞魚の中ではポピュラーで飼育も容易なことから、入門種として流通している。また、海外ではゼブラフィッシュの名で知られ、繁殖が容易なため実験動物としてもよく利用されている。最近は遺伝子組み替えにより、サンゴの遺伝子をもつ赤い品種も作り出されている。産卵期は原産地では雨期のころだが、飼育下では周年、産卵させることができる。

●在来種への影響・移殖史：国内では、沖縄島北部の農業用ため池で生息が確認されている。このため池に生息するゼブラダニオの数は多く、流れ出す水路にも多数が生息している。また、同じため池で"レオパードダニオ"の名で流通する魚も採集している。この魚はゼブラダニオの改良品種と思われるが、詳細は不明。貴重な自然が残る"やんばる"に近いため、これら外来生物はこれ以上拡散させないのと同時に駆除する必要がある。野外への導入経路は観賞魚の放逐と考えられ、2000年に初めて確認されている。

コイ目　コイ科　ダニオ亜科　*Danio*属　｜　全長55mm

パールダニオ *Danio albolineatus* (Blyth,1860)

パールダニオ　輸入個体
東南アジアに分布する小型のコイ科魚類は、多くの種類が観賞魚として輸入されており、パールダニオはゼブラダニオとともにこれらの中でも最もポピュラーな種だ。

国内分布
沖縄県（沖縄島）

原産地
ミャンマー、タイ、ラオス、マレー半島、スマトラ

パールダニオ
全長35mm　輸入個体

●形態と生態：パールダニオの名にふさわしく、体は薄い青色に輝き光沢のある色彩を見せる。また見る角度によって紫、ピンク、オレンジと色合いが微妙に変わり非常に美しい。体側後方にはオレンジの縦条がある。原産地では、丘陵地帯の水のきれいな小川や河川下流域の流れのある場所を好み、水面近くで生活する。飼育下ではゼブラダニオ同様、常にせわしなく泳ぎまわっている。主に小型の水生生物やプランクトン動物を食う。観賞魚の中でもポピュラーな種で流通量は多い。現在、国内に輸入されるパールダニオには、体型はよく似ているが体側下部の腹鰭から尾鰭基部にかけて、非常に赤みが強いものもいる。

●在来種への影響・移殖史：ゼブラダニオとともに、沖縄島北部のため池に生息する。しかし、筆者による2005年6月の調査では1尾も捕れていない。採集にはさで網や網籠式のトラップを用いたが、網にかかるのはゼブラダニオばかりであった。また、ため池から流れ出す水路でも、その姿を確認することはできなかった。原産地では流れのある場所に生息しているので、ため池のような止水域は生息に適していなかった可能性がある。その他、ゼブラダニオとの競争関係や、冬の低水温に耐えられないなど色々な要因も考えられる。完全に姿を消したかは不明だが、残存するにしても個体数はかなり少ないようだ。野外への導入経路は観賞魚の放逐と考えられ、2000年に初めて確認されている。

コイ目　コイ科　ソウギョ亜科　ソウギョ属　｜ **全長1,000mm**

ソウギョ *Ctenopharyngodon idella*（Valenciennes,1844）

ソウギョ　さいたま水族館
ソウギョが生息する河川や湖沼では、夏季に岸辺に生える水草を大胆に食う姿を見かけることがある。その体は丸太のように太く迫力があるが、こちらの気配を消さないとあっという間に水中に姿を消してしまうほど臆病な面もある。

国内分布
利根川・江戸川水系で自然繁殖
東北地方から九州までの各地

原産地
中国、アムール川

●形態と生態：鱗の大きさや色彩がコイに似ているが、背はなだらかでほとんど盛り上がらず、背鰭基底が短いなどの違いがある。また、口ひげはなく眼の位置はコイに比べ低い。河川下流域や湖沼に生息し、水草を好んで食う。1960年ごろまでは利根川での個体数はハクレンよりも多かったようだが、現在では圧倒的に少ない。初夏のころ、利根川と平行して流れる常陸利根川の常陸川水門下流部に、産卵場を目指して上流へ溯上するハクレンやソウギョが滞留することがあるが、大量に泳ぐハクレンの中にソウギョはわずかに数匹確認できる程度である。ソウギョ減少の原因は利根川下流域や、それにつながる霞ヶ浦、北浦で水草が減少したためと考えられている。また両湖では富栄養化が進んだため、夏にはアオコが大量発生し、それを餌にするハクレンが増加した。

●在来種への影響・移殖史：全国各地に除草を目的に放流されたが、その巨体からも想像できるように餌の消費量が多く、水草が激減してしまった水域が多数ある。特に小規模な河川やため池に本種を多数放流すると被害が大きい。また、流下卵を産むため小規模水域では繁殖できないが、長生きするので、いったん放流してしまうと長期間水草がソウギョの食害を受けることになる。1878〜1955年にかけて中国から輸入。利根川には1943年、45年に移殖されている。

ソウギョ 成魚
全長1,030mm　養殖個体

ソウギョ 黄化個体
全長172mm　養殖個体

ソウギョ 若魚
全長165mm　養殖個体

ソウギョ 幼魚
全長77mm　養殖個体

コイ目　コイ科　ソウギョ亜科　アオウオ属　｜　**全長1,200mm**

アオウオ *Mylopharyngodon piceus*（Richardson, 1846）

アオウオ　さいたま水族館
外来魚ではあるが、日本国内に生息する淡水魚の中では間違いなく最大級。長さもさることながら、胴回りの太さも圧倒的でまさに怪物。最近は、観賞魚として幼魚が販売されていることもある。

国内分布
利根川・江戸川水系で自然繁殖
群馬県（榛名湖）や岡山県で野生化

原産地
中国、アムール川

アオウオ
全長378mm　養殖個体

アオウオ 幼魚
全長85mm　養殖個体

●**形態と生態：**ソウギョに似るが、アオウオでは背がわずかに盛り上がり、鱗に黒い縁取りがないため、幼魚のうちからソウギョと識別できる。また成魚の吻端はとがり胸鰭が長くなるほか、その名の通り青黒い体色となる。主に河川下流域や湖沼に生息するが、国内で自然繁殖が確認されているのは利根川水系のみ。その利根川でも親魚が少ないために産卵時に得られる流下卵の数が少なく、ホルモン注射を用いた採卵が行われるまで安定した数量の種苗を得られず、結果としてほとんど他地域への放流は行われなかった。水底近くを遊泳し、貝類や甲殻類などの水生生物を好んで食う。四大家魚の中でも特に大きく成長し、利根川では1m60cmを超える記録がある。

●**在来種への影響・移殖史：**利根川水系のみでしか繁殖が確認されていないこと、個体数が少ないことからそれほど深刻な事態にはないと思われる。しかし今後、個体数の増加が認められた場合には、体が大きく大食漢であることから、捕食による底生生物の減少も考えられる。1878年以降、ソウギョの種苗に混入して中国から輸入。利根川には1943年、45年に移殖されている。

テンチ *Tinca tinca* (Linnaeus, 1758)

テンチ　輸入個体
テンチはヨーロッパでは食用魚や釣魚として重要な魚種で、養殖されている。また、古くからヨーロッパを中心に移殖が行われているが、現在はその範囲が世界中に及んでいる。

国内分布
埼玉県（定着せず）

原産地
ヨーロッパから西シベリア平原、バイカル湖

テンチ
全長103mm　輸入個体

●形態と生態：北海道に分布するヤチウグイに似るが、本種の口角には一対の短いひげがある。また最大で全長60cmにまで成長する。主に湖沼や河川の流れの緩やかな場所に好んで生息し、汽水域にも生息することがある。雑食性で水草や小型の水生生物を食い、大型個体では巻貝類を好んで食うようになる。産卵期は原産地では6月ごろで、水温22～24℃の間に最も活発に行われる。1尾のメスと通常それより若い2～3匹のオスからなる群れで水面付近を泳ぎ回り、水中に繁茂している水草にぶつかるとメスは即座に産卵を開始する。産まれた卵は5～7日で孵化し、ミジンコなどのプランクトン動物を食うようになる。和名のテンチは英名tenchに由来している。

●在来種への影響・移殖史：1961年にオランダから輸入され、1963年に繁殖に成功している。その後、増殖魚が各地の水産試験場などに配布されている。1970年には埼玉県川越市の伊佐沼に放流されたが、定着はしていない。原産地の生息環境などから、日本の淡水域の環境はテンチが生息するのになんら問題がないように思えるが、同じコイ科の魚が多く生息する水域にはニッチがないのかもしれない。現在でも稀に観賞魚として販売されることがある。

コイ目　ドジョウ科　ドジョウ属　｜　**全長150mm**

カラドジョウ *Paramisgurnus dabryanus* (Dabry de Thiersant, 1872)

カラドジョウ　埼玉県熊谷市産
カラドジョウはドジョウによく似ているため、注意深く観察しないと見過ごされてしまう。国内の生息地は、実際には現在確認されているよりも、もっと多いと考えられる。

国内分布
宮城県、栃木県、茨城県、埼玉県、静岡県、長野県、香川県

原産地
中国、朝鮮半島

カラドジョウ
全長94mm　埼玉県熊谷市産

類似種

ドジョウ
Misgurnus anguillicaudatus
全長105mm　千葉県産

●**形態と生態：**体は細長くやや側扁するが、ドジョウにくらべて寸胴で、尾柄高が高く、口ひげは長い。体色は金色がかった茶、あるいは黄土色で、ドジョウよりも明るい体色の個体が多い。主に水田や周辺の農業用水路に生息し、ドジョウと生息環境が重なることから、両種が混生している水域が多い。埼玉県の生息地でもドジョウと混生しているが、今のところ完全にカラドジョウに置き換わってしまった場所はないようだ。ただし今後、個体数がさらに増加した場合、ドジョウの生息に影響を及ぼす可能性もある。

●**在来種への影響・移殖史：**食用として韓国などから輸入されるドジョウの中に本種が混入しているので、これらの魚が野外に逸出、または放逐された可能性が高い。ただし本種に関する調査がほとんど行われていないことや、ドジョウに酷似するため気づかれにくいなど、国内の分布状況について詳しくはわかっていない。原産地の情報などから、生息環境や食性、産卵生態などはドジョウによく似るため、両種の間に競争が生じると考えられる。野外への導入年代については不明。

コイ目　ドジョウ科　ホトケドジョウ属　｜　全長60mm

ヒメドジョウ *Lefua costata* (Kessler, 1876)

ヒメドジョウ　富山県黒部川水系産
ヒメドジョウの特長ともいうべき背面の黒色縦条だが、個体によっては非常に薄い場合もあるので、注意深く観察しないと見落としてしまう。

国内分布
山梨県、長野県、富山県

原産地
モンゴル、中国、朝鮮半島、アムール川

ヒメドジョウ ♂
全長60mm　富山県黒部川水系産

ヒメドジョウ ♂の背面

ヒメドジョウ ♀
全長62mm　富山県黒部川水系産

●形態と生態：体型や色彩が北海道に分布するエゾホトケドジョウに酷似している。雌雄で色彩が異なり、オスの体側に明瞭な黒色縦条が吻端から尾鰭基底まで入る点や、メスではこれを欠き、暗色斑が背から体側にかけて散在する点はエゾホトケドジョウと同じである。しかし、本種のオスの背中線には黒色縦条があるため、これを欠くエゾホトケドジョウとの識別は容易。メスの場合には目立った違いがないために、色彩だけで両種を識別することは難しい。本種の側線鱗数は101～108で、エゾホトケドジョウの56～75に比べて多い。原産地では主に水草が豊富な池沼や流れの緩やかな小川に生息する。富山県では、やや流れの速い水路の岸よりの水草の陰などに多く見られる。原産地での産卵期は4～6月。

●在来種への影響・移殖史：富山県の水路ではさほど多くはないようで、筆者が行った調査では成魚しか捕れなかった。ただし侵入時期などから考えてみても、自然繁殖しているのは間違いないと思われる。生息環境はホトケドジョウやエゾホトケドジョウに似ており、同所的に生息するようになった場合、これら近似種との間に競争が生じることが考えられる。そのため分布を拡大させないように注意が必要。導入経路については不明。

ナマズ目　アメリカナマズ科　*Ictalurus*属　｜　全長700mm

チャネルキャットフィッシュ *Ictalurus punctatus* (Rafinesque, 1818)

チャネルキャットフィッシュ
茨城県利根川産
本種はアメリカナマズの名でもよく知られ、ナマズの代用品として利用されている。ナマズと違って飼育下でも共食いをしないため、歩留まりがよく、配合飼料にもよく餌付くことなどが養殖に向いている。

国内分布
利根川水系（霞ヶ浦、北浦を含む）、滋賀県（琵琶湖）

原産地
カナダ南部、アメリカ合衆国、メキシコ

チャネルキャットフィッシュ
全長430mm　茨城県霞ヶ浦産

チャネルキャットフィッシュ 幼魚
全長85mm　茨城県北浦産

●形態と生態：日本のギギ科の魚に似るが、より大きく成長し体も太い。本種は幼魚のうちは目立った斑紋がなく金属光沢をもつが、10cmを越えるころから黒点が体側に散在するようになる。また背面は成長にともない黒味を帯びてくる。胸鰭や背鰭にはするどい棘があるため、不用意につかむと刺される。主に河川下流域や湖沼など流れの緩やかな場所に生息する。産卵期は5～7月で、前期には大型個体、後期には小型個体が産卵するという。産卵は底に浅く掘った産卵床の中で行われ、産み付けられた卵はオスによって孵化するまで守られる。霞ヶ浦ではミミズを餌にすると簡単に釣れるほど個体数が多く、特に日没前後には入れ食いになることもある。コイ釣りの餌として使用する練り餌にもよく食いつく。

●在来種への影響・移殖史：スジエビなど小型の水生生物が捕食されていると思われる。本種は70cm程度にまで成長する大型種であり、さらに個体数が非常に多いことから、捕食による水生生物への影響はかなり大きいと考えられる。霞ヶ浦周辺では本種の養殖が行われていたこともあり、これら養殖魚の一部が逸出して繁殖したようだ。その霞ヶ浦では1995年ごろから年々漁獲量が増え、隣接する北浦でも2004年ごろから急激に増加している。1971年にアメリカ合衆国カリフォルニア州から輸入。

ナマズ目　ヒレナマズ科　ヒレナマズ属　｜ 全長300mm

ヒレナマズ *Clarias fuscus* (Lacepède, 1803)

ヒレナマズ　沖縄県石垣島宮良川水系産
石垣島のヒレナマズは近年減少傾向にあるようで、あまり捕れなくなっていると聞く。しかし、沖縄島では徐々に分布域が広がっており、場所によってはヒレナマズが優占種となっている。

国内分布
沖縄県（沖縄島、石垣島）

原産地
中国、台湾、フィリピン、ベトナム、ラオス

ヒレナマズ
不完全な黄化個体
全長315mm　沖縄県沖縄島国場川産

ヒレナマズ
全長149mm　沖縄県石垣島宮良川水系産

●**形態と生態：**頭部は縦扁し、背鰭および臀鰭の基底は長い。沖縄県石垣島には養殖用に台湾から輸入された茶色い普通の体色のヒレナマズが定着しているが、沖縄島には観賞用の黄変種が定着している。河川下流域や湖沼など流れの緩やかな水域を好む。上鰓腔に補助呼吸器官を持つため、空気呼吸が可能で、溶存酸素の少ない水域でも生活できるが、トラップに掛かるなどして空気呼吸がまったくできない状況になると溺れ死んでしまう。沖縄島の黄変種は非常に目立つ体色をしているため、夕方、薄暗くなるころから餌を探して活発に泳ぐ姿を確認できる。

●**在来種への影響・移殖史：**主に小魚など小型の水生生物を食うため、捕食による在来種の減少が考えられる。石垣島では、1960年代に養殖魚として輸入されたものの一部が野外に逸出したようだ。また、沖縄島に定着しているヒレナマズは観賞魚の放逐と考えられ、導入年代は不明だが、1985年に沖縄県南風原町から記録がある。観賞魚店では“クララ”の名で販売されることが多い。

ナマズ目　ロリカリア科　*Pterygoplichthys*属　|　**全長700mm**

マダラロリカリア *Pterygoplichthys disjunctivus* (Weber, 1991)

マダラロリカリア　沖縄県沖縄島国場川産
マダラロリカリアを含むロリカリア科の魚類は、観賞魚としての人気が高く、いろいろな種が輸入されている。なかでもマダラロリカリアは、水槽内に生える藻類をよく食い、価格も安いことから流通量が最も多い。

マダラロリカリアの口
吸盤状をしたマダラロリカリアの口。やわらかく小さな突起が密に並び、口角には一対のひげがある。

国内分布
沖縄県（沖縄島）

原産地
マデイラ川流域（アマゾン川の支流）

マダラロリカリア
全長140mm　沖縄県沖縄島国場川産

●**形態と生態：**主に川底の微小有機物や藻類を食うため、口は腹側にあり吸盤状をしている。唇には小さな突起が密在し、両顎の歯で石や水草から削り取った餌を集めて食べる。体側面は頑丈な鱗で覆われており、ゴツゴツしていてとても硬いが、腹面は平たくやわらかい。沖縄島南部の河川や湖沼に生息し、生活排水で汚染された水域にもグッピーやヒレナマズ、カワスズメとともに見られる。このような水域は溶存酸素量が少ないので、空気呼吸のために水面に頻繁に浮上する。産卵行動は沖縄島では確認されていないが、幼魚が夏季に集中して採集されることから、高水温期に繁殖していると考えられている。

●**在来種への影響・移殖史：**水草などが食害を受ける可能性があるほか、付着藻類などを食う魚種との間に、餌や生息場所をめぐって競争が生じることが考えられる。現在の生息地は沖縄島中部以南に限られているが、水系の異なる水域へは放流が行われない限り移動できないため、これ以上分布を広げないように注意が必要。食性が水槽内に生える藻類の除去に役立つとして、観賞魚として普通に流通している。野外への導入経路はこれら観賞魚の放逐によると考えられ、沖縄島では1985年ごろから確認されている。

事例 case 02 ニジマス

ニジマスは、1877年、増殖を目的とした海外産新魚種としては日本で初めて輸入された魚である。繰り返しアメリカ合衆国から卵が輸入され、養殖技術が在来マス類よりも早くに確立したことから、九州以北の全国各地の冷水域で養殖された。1980年代前半まで盛んに放流されたが、近年では在来マス類の養殖が成功したこともあり、放流量は減少したというが、遊漁の対象としては依然高い人気を誇っている。

ニジマスの導入は水産庁主導で行われてきた経緯があり、長年にわたり合意のもとに養殖や放流が行われてきた。そのため、外来魚であるにもかかわらず、ニジマスの自然水域での生息に否定的な見方をする人は少ない。また、河川に盛んに放流されたにもかかわらずほとんどの場所で定着しなかったことから、日本では繁殖せず、主食はユスリカのような昆虫なので在来生物への悪影響はないといった誤った認識が広まっている。しかしながら、北海道では2003年までに93水系で本種の生息が確認されており、自然繁殖して優占種になっている河川もある。また、本州においても東京都の多摩川水系や和歌山県の熊野川水系の上流、さらには中国地方の複数河川で自然繁殖が確認されている。成熟するまでの釣獲圧が低いこと、仔魚の浮上時期である初夏に増水などの攪乱が小規模、短期間、かつ低頻度であることなど、条件さえそろえばむしろ繁殖力の強い生物であるとの認識が必要であろう。

ニジマスによる在来種への影響としてまず問題となるのは、産卵床をめぐる競争により、在来イワナ類の繁殖を阻害することである。北海道ではオショロコマやアメマスの産卵後、同じ場所に繁殖期の遅いニジマスの産卵床が形成されるため、発育中の卵や仔魚が掘り返されて死亡する影響が指摘されている。熊野川水系のニジマスの繁殖地では、在来のアマゴやイワナの生息数がニジマスに比べて極端に少なく、これには繁殖期が遅いニジマスとの競争の影響を検討する必要があるとされている。また、ニジマスは流下物採餌者であり、昆虫などが主食であるとされているが、北海道の幌内川ではふ化直後と思われるハナカジカの仔魚や卵を捕食しているとの報告があり、大型のものでは魚類やザリガニ、ネズミなども捕食することがあるという。オセアニアの河川では、ニジマスによる捕食が在来魚の減少もしくは絶滅の大きな要因になっているとされる。さらに、在来のイワナやヤマメもニジマスと同様な食性のため、生息空間や餌をめぐる競争による影響も懸念されている。

サケ目　サケ科　サケ亜科　サケ属　｜　全長700mm

要注意外来生物

ニジマス *Oncorhynchus mykiss*（Walbaum, 1792）

速い流れの中で定位するニジマス　栃木県中禅寺湖流入河川
体色がいくぶん銀色を帯び、赤色縦帯も薄いことから、湖から溯上してきたニジマスと思われる。食用や釣魚用のための養殖が盛んに行われており、各地に放流されているが、過密飼育で鰭が萎縮したものが多く、写真のようなきれいな魚体のニジマスは少ない。

国内分布
北海道、東京都、和歌山県、中国地方

原産地
カムチャッカ半島、アラスカからカリフォルニア州、メキシコにかけての北アメリカの太平洋側

●**形態と生態：**背から体側にかけて小黒点が密在し、背鰭や尾鰭にも入る。体側には赤い縦帯があり、産卵期には特に鮮やかになる。ただし湖に生息しているものは銀毛になるため、これらの特徴が目立たないことが多い。釣魚としての移殖が盛んに行われており、水温の低い河川上流や湧水が豊富な河川、山上湖に放流されている。北海道のように水温が低い地域では下流域にも生息しており、降海個体の採捕記録もある。カゲロウの仲間など水生昆虫を主食とするが、大型個体では小魚も捕食する。産卵期は本来春だが、養殖個体では長年に渡り少しずつ採卵時期を早めてしまったために、秋に産卵するものが多い。

●**在来種への影響・移殖史：**本州以南では、定着している水域が少ないため、あまり問題視されることはなかった。しかし、いったん定着すると、渓流域に生息するヤマメやアマゴとの間に競争が生じると考えられる。定着河川の多い北海道では、産卵直後のイトウの卵を食べる姿が観察されている。また産卵期や稚魚の浮上時期がイトウと重なり、生息環境も似ていることから、両種の間に競争が生じている。1877年にアメリカ合衆国カリフォルニア州から発眼卵を輸入。このときの生残魚から得たニジマスが、福島県猪苗代湖と栃木県中禅寺湖に放流されている。以降1934年までの間に20回以上発眼卵が輸入されている。【事例02：p.51】

ニジマス
全長418mm　栃木県中禅寺湖産

ニジマス
全長189mm　北海道植苗川産

ニジマス 幼魚
全長80mm　栃木県中禅寺湖流入河川産

ニジマス 黄化個体
全長392mm　養殖個体

サケ目　サケ科　サケ亜科　タイセイヨウサケ属　｜ 全長700mm

ブラウントラウト *Salmo trutta* Linnaeus,1758

ブラウントラウト　栃木県中禅寺湖流入河川
ブラウントラウトは警戒心が強いため、陸上から観察していても、こちらが姿を見せるとあっという間に泳ぎ去ってしまう。そのため水中での撮影は困難をきわめるが、倒木の下などに隠れているブラウントラウトは、なぜか逃げずにじっとしていることが多い。

国内分布
北海道、秋田県、栃木県、山梨県、長野県、神奈川県（芦ノ湖）など

原産地
ヨーロッパからアラル海までの西アジア

●形態と生態：背から体側にかけて黒点が散在し、若い個体では同時に青く縁取られた朱点をもつ場合が多い。また幼魚は脂鰭が赤く縁取られるため、他種との識別点となる。本州では主に湖に釣魚として放流されているが、近年、北海道ではあらたな生息地が相次いで見つかり、自然繁殖している水域も多い。千歳川水系では短期間で在来種のアメマスが激減し、ブラウントラウトに置き換わっている。主に小魚を食うが、水生昆虫や落下した陸生昆虫、カワニナなどの巻き貝類が胃や腸の中から普通に見つかり、かなり幅広い食性をもつ。中禅寺湖では11月ごろに産卵期を迎え、流入河川には大型のブラウントラウトが数多く溯上する。

●在来種への影響・移植史：体が大きく魚食性が強いことから、捕食による在来魚の減少のほか、生息地をめぐる競争が同じような生息環境を好む魚種との間に生じている。特に北海道では優占魚種となっている河川が複数あり、さらに降海個体が別の河川に溯上するなどして自ら分布を広げるなど、このまま見過ごせない状態になっている。国内へはアメリカ合衆国から輸入されたカワマス卵、あるいはニジマス卵のどちらかに混入していたと考えられている。そのため、年代を含む導入についての詳細は不明だが、カワマスとニジマスの導入時期から1877〜1926年の間と推測されている。【事例03：p.56-57】

ブラウントラウト
全長420mm　栃木県中禅寺湖産

ブラウントラウト
全長203mm　北海道美笛川産

ブラウントラウト 幼魚
全長81mm　栃木県中禅寺湖流入河川産

“タイガートラウト”　栃木県中禅寺湖流入河川
ブラウントラウトのメスとカワマスのオスの間にできる属間雑種は、“タイガートラウト”と呼ばれる。産卵期が重なるため、両種が生息する水域では稀に自然交雑が起こる。

事例 case 03 ブラウントラウト

ブラウントラウトは、イギリス諸島を含む北部ヨーロッパが原産地で、北米へは1883年に移殖されたとされている。日本へはその北米から1877年～1926年の間に輸入されたニジマスあるいはカワマスの卵に混入してきたとされており、その時期は特定されていないが、両種の卵を大量に導入した1926年（昭和元年）説が有力である。1960年代には大学や水産研究所などでわずかに飼育されているだけだったが、近年では漁業権漁場への放流用や管理釣り場用に各地の養魚場で飼育しているという。日本の天然水域への導入時期は定かでないが、栃木県中禅寺湖では釣りクラブが畜養飼育中のものが逃げ出して定着したとされ、1960年代にはすでにかなりの漁獲があったという。当時、富山県黒部川や栃木県箒川でも記録されており、各地で非公式に放流されたていたらしい。本種は大型で美しいため、ルアーやフライ釣りの対象として人気が高く、釣り関係者が発眼卵を独自に輸入するなどして天然水域へ導入した事例もあったようだ。1973年にはツネミ新東亜交易グループがフランスから発眼卵を輸入し、ふ化稚魚は長野県下の水域に導入された。神奈川県芦ノ湖では1973年にカナダから導入して以来、毎年放流が続けられているという。

ブラウントラウトは冷水域を好み、中禅寺湖以外では山梨県の桂川上流や秋田県の雄物川水系など、本州における繁殖地は限られているようだ。しかし、北海道では1980年9月に日高地方の新冠ダム湖で初めて記録されて以来、釣り人による無秩序な放流（発眼卵埋没放流）によって分布を拡大し、2001年までに道内の40水系で確認されている。最近では世界自然遺産登録地の知床半島の河川でもニジマスとともに報告された。千歳川水系や支笏湖など、自然繁殖地が発見されているだけでなく、降海した個体も各地で採集されており、石狩支庁の厚田川では海から溯上したと思われる個体が報告されている。本種は移動性の強い種として認識されており、カナダでは海を通じて多くの河川に分布を広げているとの報告もある。北海道においては、もはや放流によらずとも、河川で繁殖した個体が降海し、他の河川へ分布を順次拡大する可能性が高い。

ブラウントラウトの在来種への影響は主に捕食と競争に整理されるだろう。支笏湖では全長92cm、体重14.2kgの個体が釣り上げられた記録があり、在来種に比べると相当大きく成長する。魚類はもちろんのこと、陸生の流下生物、水生昆虫や甲殻類、貝類、両生類といった幅広い食性を示すことがわかっている。尾叉長が25cmを超えるころから魚食性が強まるとの報告もあるが、サイズや種間関係、水域特性などに応じて他の餌生物へのシフトも容易らしい。換言すれば、個体数が増えた場合にはあらゆる水生生物に大きな影響を与える可能性があるということだ。産卵生態については在来のサケ科魚類と産卵場所を同じくし、産卵期は在来種に比べると同じかやや遅いという。ニジマスと同様、在来種の産卵後に産卵床を掘り返すことで生残率を低下させる危険性が考えられる。

北海道におけるブラウントラウトによる在来種への影響については、現在研究が進められつつあり、千歳川水系の紋別川では、導入から15年間で在来種のアメマスがブラウントラウトに置き換わってしまった事例が報告されている。このような事例は海外ではよく知られており、北米東部の多くの水系では在来のカワマスが姿を消し、ブラウントラウトに置き換わっているという。ミネソタ州のバレークリークでは、カワマスの生息地にブラウントラウトとニジマスを放流したところ、15年後にはカワマスの生物量の93%がブラウントラウト、5%がニジマスに置き換わってしまった。オーストラリアではブラウントラウトの強い捕食圧によってガラクシアス科の魚が絶滅した事例がある。紋別川での置き換わりの原因が何かについては明らかにされていないが、ブラウントラウトによる直接の影響とみるのが妥当である。今後、同様な現象が北海道の各地で起こることが大いに懸念されるが、産業的には注目されない小魚や水生昆虫などへの影響についても監視を強める必要がある。なお、秋田県の雄物川水系では、ブラウントラウトと在来イワナとの天然交雑個体が記録されており、遺伝子汚染の可能性についても留意する必要があるだろう。

ブラウントラウトはニジマスとともに世界の侵略的外来種ワースト100（国際自然保護連合）、そして日本の侵略的外来種ワースト100（日本生態学会）にも選定されており、環境省は要注意外来生物に指定して注意を喚起している。日本魚類学会は外来生物法成立直後の2004年8月1日付けで本種を特定外来生物に指定するよう環境省に対して提案した。しかしながら、2次指定を終えた現在も被害にかかわる一定の知見はあるものの、引き続き特定指定の適否について検討が必要であるとして進展は見られていない。4府県（栃木県、神奈川県、山梨県、大阪府）で漁業権が設定されていることや、釣り関係者からの強い要望がその背景にあるようだが、本種を第2のブラックバスと認識し、予防的観点からも早急な特定指定と防除の実施が望まれる。

サケ目　サケ科　サケ亜科　イワナ属　｜ **全長300mm**

カワマス *Salvelinus fontinalis* (Mitchill, 1814)

カワマス　栃木県中禅寺湖流入河川
栃木県中禅寺湖周辺でのカワマスの産卵は11月にピークを迎え、流入河川にはたくさんの姿が見られるようになる。写真は婚姻色が現れたカワマスのオス。腹部が赤く染まり美しい。

国内分布
北海道、栃木県、長野県

原産地
カナダおよびアメリカ合衆国の東部

●**形態と生態：**北アメリカ原産のイワナ属の1種で、日本産のイワナに似るが、本種には背鰭に虫食い状の黒い斑紋があり、体側に青く縁取られた朱点が入る。また体側に散在する斑点は黄色く、イワナに比べて鮮やかである。腹鰭や臀鰭前縁の白色帯は鮮明で、胸鰭前縁に白色帯をもつものもいる。成熟したオスでは背が大きく盛り上がり、体高が非常に高い。幼魚のうちは鼻孔の周囲が黒く縁取られよく目立つため、他種との識別点となる。国内の定着河川は、イワナが生息するような山岳渓流よりも、バイカモが生育している比較的流れが緩やかで湧水の豊富な河川が多い。このような川の中でも特に淀みのある部分に多く見られ、倒木や水草などの身を隠せる障害物がある場所を好む。日本のイワナとは容易に交雑し、生まれた交雑個体には妊性もあるが、交雑が進むとともに繁殖力が低下する。

●**在来種への影響・移殖史：**本州ではイワナとカワマスの生息環境はほとんど重ならないが、イワナの生息地に侵入した場合、本種との間に餌や生息地をめぐる競争が生じることが考えられる。また両種の産卵期は重なるため、産卵場所をめぐり競争が生じるほか、交雑によるイワナの減少が考えられる。実際、本種とイワナが生息する長野県梓川では、両種の交雑個体が確認されている。1901年、アメリカ合衆国コロラド州から25,000粒の発眼卵が宮内省御料局日光養魚場へ収容されており、孵化魚は湯川へ放流された。

カワマスの群れ　栃木県中禅寺湖流入河川
どこまでも透き通る水中を泳ぐカワマス。まわりにはニジマスや中禅寺湖産ビワマスの姿も見られる。

カワマス
全長180mm　栃木県湯川産

カワマス 幼魚
全長71mm　栃木県中禅寺湖流入河川産

類似種

イワナの亜種ニッコウイワナ
Salvelinus leucomaenis pluvius
全長228mm　栃木県産

オショロコマ
Salvelinus malma krascheninnikovi
全長139mm　北海道産

サケ目　サケ科　サケ亜科　イワナ属　｜ 全長1,000mm

レイクトラウト *Salivelinus namaycush* (Walbaum, 1792)

産卵場に集まるレイクトラウト
産卵は夜間行われるため、暗闇の中、岸近くの直径2mを超える大岩の周辺に、たくさんのレイクトラウトが集まっていた。岩の周囲はレイクトラウトが泳ぎ回るため、底を覆う藻類がきれいになくなっている。

国内分布
栃木県（中禅寺湖）

原産地
カナダ、アメリカ合衆国

●**形態と生態：**全長10cm程度の幼魚のうちから不明瞭な白点が認められるが、成長にともないより細かく鮮明になり、密在するようになる。顔はとがり、魚食性が強いため歯は鋭い。尾鰭の切れ込みは深い。非常に大きく成長する種で、中禅寺湖でも1mを越えるような魚が釣り上げられている。このような大型のレイクトラウトを狙うときは、20cm以上のヒメマスを1匹掛けにしてトローリングで釣るという。中禅寺湖での産卵時期や産卵場所などは長い間不明だったが、最近の研究で11～12月にかけて、湖岸に近い水深2～3mの大岩が点在する礫底域で行われていることが報告されている。本種は多くのサケ科魚類と違って産卵床を掘ることがなく、湖底に卵をばらまく。産出した卵は、礫の隙間に落ちて発生する。

●**在来種への影響・移殖史：**体が大きいことから捕食量も多いと考えられるため、中禅寺湖から他水域に拡散させないようにすることが重要。幸い本種は生息水深が深いことや、漁獲されてもサイズが大きく幼魚は滅多に採集されないことから、私的な持ち出しは難しいと考えられる。また、現在継代飼育を行っている中央水産研究所では、本種を分譲する際には繁殖や譲渡を禁じている。1966年にカナダのオペオン湖産発眼卵が輸入され、水産庁淡水区水産研究所日光支所に収容された。その後、1968年に再びオペオン湖産発眼卵、1969年にはオンタリオ湖産発眼卵が輸入され、中禅寺湖のみに試験放流された。

郵 便 は が き

料金受取人払郵便

牛込支店承認

2019

差出有効期間
平成21年6月
30日まで

162-8790

東京都新宿区
西五軒町2-5 川上ビル

株式会社
文一総合出版 行

ご住所	フリガナ			
	〒　　　－ 都道 府県			
お名前	フリガナ		性別	年齢
			男・女	
ご職業		ご趣味		

◆ご記入いただいた情報は，小社新刊案内等をお送りするために利用し，それ以外での利用はいたしません。
◆弊社出版目録の送付（無料）を希望されますか？（する・しない）

日本の外来魚ガイド　　愛読者カード

平素は弊社の出版物をご愛読いただき，まことにありがとうございます。今後の出版物の参考にさせていただきますので，お手数ながら皆様のご意見，ご感想をお聞かせください。

◆この本を何でお知りになりましたか

1．新聞広告（新聞名　　　　　　）　4．書店店頭
2．雑誌広告（雑誌名　　　　　　）　5．人から聞いて
3．書評（掲載紙・誌　　　　　　）　6．授業・講座等
7．その他（　　　　　　　　　　　　　　　）

◆この本を購入された書店名をお知らせください

（　　　　都道府県　　　　　市町村　　　　　書店）

◆この本について（該当のものに○をおつけください）

	不満		ふつう		満足
価　格	▮	▮	▮	▮	▮
装　丁	▮	▮	▮	▮	▮
内　容	▮	▮	▮	▮	▮
読みやすさ	▮	▮	▮	▮	▮

◆この本についてのご意見・ご感想

★小社の新刊情報は，まぐまぐメールマガジンから配信されています。ご希望の方は，小社ホームページ（下記）よりご登録ください。

http://www.bun-ichi.co.jp

レイクトラウトの幼魚　中央水産研究所日光庁舎
中禅寺湖で初めて確認された卵から孵化したレイクトラウトの幼魚。4cm程度の大きさながら、すでにその顔にはレイクトラウトらしさがにじみ出ている。

レイクトラウト ♂
全長580mm　栃木県中禅寺湖産

レイクトラウト 幼魚
全長113mm　養殖個体

サケ目　サケ科　サケ亜科　サケ属　｜　全長ベニザケ：500mm・ヒメマス：300mm

ベニザケ（ヒメマス） *Oncorhynchus nerka nerka* (Walbaum, 1792)

ベニザケ　北海道西別川
真っ赤な婚姻色に彩られたベニザケ。雌雄ともに婚姻色が現れるが、産卵期のオスは背が盛り上がり口先は鋭いかぎ状になる。国内で見られるベニザケは体が小さく、最大でも2kg程度。

国内分布
ベニザケ　北海道（西別川、安平川）
"ヒメマス"　北海道（支笏湖、洞爺湖）、青森県（十和田湖）、栃木県（中禅寺湖）、神奈川県（芦ノ湖）、山梨県（西湖、本栖湖）、長野県（青木湖）など

原産地
ベニザケ　択捉島、カリフォルニア州以北の北太平洋
"ヒメマス"　北海道（阿寒湖、チミケップ湖）、カムチャッカ半島、カナダ、アメリカ合衆国

●**形態と生態：**体は銀白色で背がわずかに青緑色を帯びる。若魚では小黒点が背に散在することがあるが、数はそれほど多くない。ベニザケは湖に流れ込む河川に溯上して産卵を行い、孵化した稚魚は海に下りる前に1～2年を湖で過ごす。そのため、ベニザケの生活史には、河川途中にある湖が欠かせない。"ヒメマス"は湖沼に陸封されたベニザケで、味がよいことから各地に盛んに移殖されている。ベニザケは、オキアミやカイアシ類、"ヒメマス"はミジンコなどのプランクトン動物を好んで食うため、餌を濾し取るための鰓耙は多い。秋田県田沢湖には、ベニザケの固有亜種であるクニマスが生息していたが、1940年代に絶滅している。

●**在来種への影響・移殖史：**ベニザケの移殖にともなう在来魚の減少例はないようである。陸封型の"ヒメマス"は1894年に阿寒湖産の種苗を支笏湖に移殖。定着後は支笏湖から各地の湖に移殖された。また、択捉島産のベニザケも支笏湖をはじめとして、北海道や本州各地の湖に移殖されている。

日

定価
3,360円

税5%

補充カード

帖合先

貴店名

部数　冊

著者：松沢陽士／写真・図鑑執筆　瀬能宏／監修・解説

書名：日本の外来魚ガイド

発行所：文一総合出版　東京都新宿区西五軒町2―5

9784829910139
ISBN978-4-8299-1013-9
C0045 ¥3200E

定価3,360円 5%税込

本体3200円

注文

年　月

日本の外

株式会社 文一総合
東京都新宿区西五軒
電話 03—323
FAX 03—326

ベニザケの陸封型“ヒメマス”の産卵
栃木県中禅寺湖流入河川
手前がオス、奥がメス。中禅寺湖での産卵期は9〜10月にかけてで、流入河川には数多くが遡上する。婚姻色は降海型のような派手さはないが、やはり赤みを帯びる。

ベニザケ降海型 ♂
全長595mm　北海道美々川産

ベニザケの陸封型“ヒメマス”
全長312mm　栃木県中禅寺湖産

ベニザケの陸封型“ヒメマス”幼魚
全長120mm　養殖個体

サケ目　サケ科　サケ亜科　サケ属　｜ 全長1,000mm

マスノスケ *Oncorhynchus tschawytscha* (Walbaum, 1792)

マスノスケ　千歳サケのふるさと館
マスノスケは北海道の河川に稀に遡上するが、これらは迷入個体で自然繁殖はしていない。また、本州では山形県と新潟県に遡上した記録があるが、こちらも同じく迷入によるものだ。

国内分布
北海道
原産地
日本海、オホーツク海、ベーリング海、カリフォルニア州以北の北米太平洋沿岸

●形態と生態：マスノスケはキングサーモンの名でよく知られ、サケ科魚類中最も大きく成長する。背や背鰭、尾鰭には小黒点が密在し、尾鰭後縁は黒く縁取られる。最大で1m47cmに達し、体重も57kgになるというが、通常は1mくらいまで。親魚の遡上時期によって、生まれた稚魚が河川で生活する期間に違いがあるが、通常は1～2年を淡水域で過ごしてから海に下る。河川で生活する幼魚は、主に水生昆虫や陸生昆虫を食うが、降海後は主にニシンやイカナゴなどの魚を食うようになる。海での生活期間も個体によってばらつきがあり、成熟年齢は3～8年と幅広いが、多くは4～5年である。

●在来種への影響・移殖史：北海道では天塩川や十勝川で種苗放流が行われていたが、定着はしていない。仮に定着していた場合、在来魚種への影響として体が大きいことから産卵場所の占有が考えられ、同じく秋に産卵期を迎えるサケとの間に産卵場所をめぐる競争が生じる可能性があった。導入の年代は1881年以降、いろいろ伝えられているが、確実な記録は1959年に輸入した卵を孵化後、十勝川に放流したのが最初である。ワシントン州水産局には、1897年、1898年、1917年に日本にマスノスケの卵を送った記録が残されているが、国内での裏付けは取れていない。

サケ目　サケ科　サケ亜科　サケ属　｜　全長500mm

ギンザケ *Oncorhynchus kisutch* (Walbaum, 1792)

ギンザケ　養殖個体
ギンザケは淡水飼育が可能だが、海水中で飼育したほうが成長がはるかに早い。飼育下でもおよそ4kgに達する。

国内分布
北海道

原産地
沿海州中部以北の日本海、オホーツク海、ベーリング海、カリフォルニア州以北の北米太平洋岸

ギンザケ
全長458mm　養殖個体

ギンザケ 幼魚
全長140mm　養殖個体

●形態と生態：背は青緑色を帯び、小黒点が背や背鰭、尾鰭に密在する。稚魚はふつう生後1年間を河川で過ごし、その後、海に下る。河川では主に水生昆虫などを食い、なわばりを作って生活している。そのため幼魚を複数飼育していると、最も優位な個体が他の個体を水槽の隅に追いやってしまい、なおかつ頻繁に攻撃するため、ひれなどは傷だらけになってしまう。ただし致命的な傷を負わせるほどは攻撃しない。降海後、1～2年で成熟し、河川へ溯上する。ギンザケは食用としての養殖が盛んで、三陸では海面養殖が行われている。また、内陸部では淡水養殖も行われており、これらはコーホーサーモンとも呼ばれ、釣堀などに釣魚として放流されている。

●在来種への影響・移殖史：北海道に移殖されたギンザケの場合、同じ河川に生息するサクラマスと流れの緩やかな淵で混生する姿が観察されている。ただし、餌の流れてくる淵の上流側をサクラマスが占有し、餌を捕るのに不利な下流側にギンザケが多い。両種がほぼ同じ大きさの場合、常にサクラマスが優位に立ちギンザケが追い払われているという。1973年にアメリカ合衆国から発眼卵を輸入し、翌1974年に北海道の遊楽部川に放流している。以後、標津川水系武佐川、伊茶仁川にも種苗を放流しているが、定着はしなかった。現在でも北海道の河川では稀に捕獲されることがある。

シナノユキマス *Coregonus lavaretus maraena* (Bloch, 1779)

シナノユキマス　千歳サケのふるさと館
シナノユキマスは鱗が大きく口が小さいため、多くのサケ科魚類とは趣を異にする。長野県では食用として養殖されているが、白身であっさりしていてたいへん旨い魚だ。

国内分布
長野県

原産地
ポーランド、スウェーデン、フィンランド

シナノユキマス
全長505mm　養殖個体

シナノユキマス 幼魚
全長78mm　養殖個体

●形態と生態： 国内に生息するサケ科魚類の中では最も口が小さく、口裂は眼の後縁に達しない。また鱗が大きいため、外見からはサケ科というよりコイ科魚類のような印象を受ける。主にプランクトン動物を食べ、低水温でも活動し餌を摂るため、結氷した湖の穴釣りではワカサギとともに釣れる。釣魚として長野県内の湖に放流されているが、再生産が確認されたことはない。本種以外にも過去に多くのコレゴヌス属の魚が国内各地の湖に移殖されているが、再生産したのは秋田県のため池における*Coregonus peled*の1例だけのようだ。産卵期は秋から冬で、適水温は3～5℃前後と、とても低い。

●在来種への影響・移殖史： 長野県では養殖がさかんに行われ、県内の湖には釣魚として放流されている。少なくとも、今までに放流された水域での再生産は難しいと思われることから、他水域に持ち出されないように管理されていれば、定着する可能性はきわめて低い。1977年にチェコスロバキアから40万粒の発眼卵が輸入され、長野県水産指導所佐久支所に収容。受精卵を筒状の容器に入れ、湧水よりも水温が低い河川水を通水させる独特な手法で人工孵化が行われている。

トウゴロウイワシ目　トウゴロウイワシ科　ペヘレイ属　｜　全長350mm

ペヘレイ *Odontesthes bonariensis* (Valenciennes, 1835)

ペヘレイ　茨城県北浦産
茨城県霞ヶ浦や北浦では、普段、湖沖合いを回遊しているため釣りの対象にはならない。11月ごろ水温が下がり始めると岸近くを回遊するため、釣ることができるようになる。餌は主にスジエビを使用するが、同じ時期に釣れ始めるワカサギの仕掛けにかかることもある。

国内分布
神奈川県（丹沢湖）、
茨城県（霞ヶ浦、北浦）

原産地
アルゼンチン、ウルグアイ、
ブラジル南部

ペヘレイ
全長272mm　茨城県霞ヶ浦産

ペヘレイ 幼魚
全長61mm　茨城県北浦産

●形態と生態：外見はボラに似るが、顔がとがり、第1背鰭が臀鰭前端のほぼ真上にあり、ボラの第1背鰭に比べ後方に位置する。体色は透明感のある銀白色で、体側中央の後半部には青みを帯びた銀色の縦条がある。鱗は硬く簡単に剥げることはないが、網などによる擦れ傷には弱く、飼育個体では水カビがつきやすい。原産地では淡水域のほか汽水域にも生息しているため、飼育下でも塩を使用すると病気が抑えられる。主に動物プランクトンを食うが、ユスリカの幼虫や小魚、小型甲殻類も食う。産卵期は3～6月で、自然繁殖している霞ヶ浦や北浦では、6～8月ごろに沿岸の定置網に幼魚が入る。白身で美味とされるが、市場に出回ることは少ない。

●在来種への影響・移殖史：霞ヶ浦や北浦では、ペヘレイ同様に沖合いを主な生活圏とするシラウオやワカサギを捕食したり、あるいはこれらの魚種との間に餌をめぐって競争が生じている可能性がある。1966年にアルゼンチンのブエノスアイレス州から発眼卵が2回輸入され、神奈川県淡水魚増殖場に収容された。このとき孵化した魚を親として、1968年に採卵に成功している。

カダヤシ目　カダヤシ科　カダヤシ属　｜　全長♂30mm・♀45mm

カダヤシ *Gambusia affinis* (Baird et Girard, 1853)

カダヤシのペア　千葉県八千代市産
交尾をしようとするカダヤシのペア。上の腹が大きな個体がメスで下がオス。妊娠したメスは濃紺色の斑紋が現れる。外見がメダカによく似ているほか、生息環境も似ているため、メダカに間違われることも多い。

国内分布
福島県以南の本州、四国、九州、沖縄、小笠原

原産地
アメリカ合衆国ニュージャージー州からメキシコ湾岸を経て、メキシコ中部

●**形態と生態：**メダカに似るが、カダヤシでは臀鰭基底が短く尾鰭が丸い。さらにオスの臀鰭は交尾器となっている点からも識別できる。また眼の下部に黒色横帯が入り、標本にするとこの部分はよく目立つ。夏には両種ともに水面下を遊泳するが、メダカの背中線には暗褐色の縦条があるため、これを欠くカダヤシとは陸上からでも識別できる。主に水田地帯の流れのない用水路で見られるが、河川本流や湖沼にも生息する。カダヤシは気性が荒く、両種が混生する水域では鰭がちぎれたメダカが多い。水槽に両種を入れるとカダヤシに攻撃されるメダカがよく観察されたことから、自然下でも同様なことが起こっていると考えられる。低水温には比較的強い。グッピー同様、メスの体内で発生が進み、直接稚魚を産む卵胎生である。成長は非常に早く、生まれてからおよそ3か月程度で成熟し、繁殖に参加できるようになる。

●**在来種への影響・移殖史：**メダカの生息地にカダヤシが侵入した場合、メダカが減少し、カダヤシに置き換わってしまうケースがある。以前は両種の間に餌をめぐる競争が生じるためと考えられていたが、最近はカダヤシにメダカの仔稚魚が直接捕食されている可能性もあると考えられている。国内には蚊の駆除を目的として1916年に台湾から奈良県に、1919年には台湾から沖縄県に導入されている。【事例11：p.147】

カダヤシの産仔　千葉県木更津市産
大きなメスは一度に200匹の稚魚を産む。稚魚は頭から生まれるものもいれば尾鰭から生まれるものもいる。

カダヤシの稚魚
生まれてまもなく泳ぎだすカダヤシの稚魚。腹の卵黄はまだ大きい。

カダヤシの幼魚　東京都井の頭自然文化園
こちらは少し成長したカダヤシの幼魚。幼さは残るが、カダヤシらしくなってきた。

カダヤシ ♂
全長30mm　千葉県木更津市産

カダヤシ ♀
全長35mm　千葉県木更津市産

類似種

メダカ（南日本集団）♂
Oryzias latipes latipes
全長42mm　千葉県産

メダカ（南日本集団）♀
Oryzias latipes latipes
全長40mm　千葉県産

カダヤシ目　カダヤシ科　グッピー属　｜　全長♂25mm・♀45mm

グッピー *Poecilia reticulata* Peters, 1859

グッピー　東京都父島産
グッピーは観賞魚の中で最もポピュラーな種で、観賞魚飼育を趣味としない人たちの間にもその名が知られる。卵胎生のため繁殖も容易で、雌雄を同じ水槽で飼育していれば簡単に増やすことができる。

国内分布
北海道、福島県、東京都（小笠原）、長野県、静岡県、岡山県、大分県、沖縄県

原産地
ベネズエラ、ガイアナ

グッピー ♂
全長24mm　東京都父島産

グッピー ♀
全長36mm　東京都父島産

●**形態と生態：**オスは赤、青、緑など鮮やかな色彩をしているが、メスでは体の鱗の縁が黒く、網目模様となるだけである。また、観賞用に販売されているグッピーのオスの尾鰭は品種改良されているため大きいが、野生化したものでは原種のような小さく透明な尾鰭となる。年間を通して温暖な沖縄県では普通に見られるが、低水温には弱いため、九州以北では温泉水や工場排水が流れ込むなど、冬でも一定以上の水温を維持できる水域にしか定着できない。本種は止水を好むが、比較的流れのある小規模河川に生息していることも多い。そのような川では淵や岸辺に生える植物の陰など、幾分流れが緩やかになる場所で生活している。水質汚染には強く、沖縄島では市街地のかなり汚れた川にもいる。また塩分への耐性も強い。そのため、大雨による増水で一時的に海に流されたグッピーが、周辺の河川に溯上して分布を広げている可能性がある。

●**在来種への影響・移殖史：**九州以北では生息地が限られるため、在来種に与える影響はそれほど大きくないと考えられる。しかし、琉球列島ではいたるところに生息しており、沖縄島にわずかに残るメダカの生息地にも侵入しているため、両種の間に競争が生じていると考えられる。古くから観賞魚として輸入されており、熱帯魚飼育の入門種として流通している。野外への侵入はこれら観賞魚の放逐と考えられ、沖縄島では1960年代に初めて確認されている。

カダヤシ目　カダヤシ科　グッピー属　｜　全長♂45mm・♀60mm

コクチモーリー *Poecilia sphenops* Valenciennes, 1846

コクチモーリーのペア　北海道白老町産
コクチモーリーは、原産地のメキシコを中心とした中央アメリカに多くの近似種や亜種が存在し、近年はそれらの間で交雑が進み、識別が難しくなっている。

国内分布
北海道

原産地
メキシコからコロンビア、リーワード諸島南部

コクチモーリー ♂
全長42mm　北海道白老町産

コクチモーリー ♀
全長59mm　北海道白老町産

●形態と生態：グッピーやカダヤシに似るが、本種はより大きく成長する。色彩は灰色を基調としているため一見地味だが、体側方向からの光に対しては青みがかった輝きを放つ。背鰭は雌雄ともにオレンジに彩られるが、色が薄い個体もいる。現在のところ北海道白老町だけに生息するが、当地でのコクチモーリーの個体数は非常に多く、道路脇の水路で普通に見られる。成魚はプール状の淀みになっている場所に多いが、幼魚は水深5cmにも満たないような浅い場所にも群れている。この水路には温泉水が豊富に流れ込んでいるため、熱帯魚である本種でも冬を越すことができる。

●在来種への影響・移殖史：北海道の一部でしか生息が確認されておらず、本種の分布は非常に狭い範囲に限られている。また同所的に生息するのはカワスズメ、グッピーなど外来種のみなので、在来種に対する影響はないと考えられるが、他の水域に拡散させないよう注意が必要。“ブラックモーリー”の名で親しまれる全身が黒いコクチモーリーは、観賞魚の中でもポピュラーだが、北海道で確認されている色彩のものは、一般的に観賞魚店に流通していない。ただ少数ながら輸入はされるようなので、野外への導入経路は観賞魚の放逐と考えられる。

カダヤシ目　カダヤシ科　*Xiphophorus*属　|　全長100mm

グリーンソードテール *Xiphophorus helleri* Heckel, 1848

グリーンソードテール　沖縄県名護市産
わりとポピュラーな観賞魚でありながら、沖縄島での生息河川はグッピーに比べてはるかに少ない。しかし原産地では汽水域にも生息しているので、今後、海を伝って自ら分布を広げる可能性もある。

国内分布
山梨県、沖縄県（沖縄島、久米島）

原産地
メキシコ、グアテマラ、ベリーズ、ホンジュラス

グリーンソードテール ♂
全長71mm　沖縄県名護市産

グリーンソードテール ♀
全長49mm　沖縄県名護市産

●形態と生態：オスの尾鰭下葉は伸長し、この部分が剣のように見えるため“ソードテール”の名がある。メスの尾鰭外縁は円いが、性転換する個体は徐々に下葉が伸長してくる。卵胎生で、オスの臀鰭は交尾器となる。メスが性転換する際には、臀鰭も徐々に交尾器へと変化する。比較的流れの速い河川から、水路や池などほとんど流れのない水域まで、いろいろな場所に生息し、それらの中でも特に植物が豊富な場所を好む。また、原産地では汽水域にも生息する。主に小型の水生生物や植物質の餌も食う雑食性。観賞魚として流通しており、さまざまな改良品種が知られる。

●在来種への影響・移殖史：沖縄県の本種の生息地は沖縄島と久米島にあるが、河川の一定の範囲に限られているようである。また、これらの水域に見られるのはカワスズメやグッピーなどの外来種ばかりで、競争が生じるような在来種は生息していないことが多い。久米島には1960年ごろから定着しているほか、沖縄島では中部と那覇市内の河川に定着している。山梨県では、温水が流れ込む一部の水路にだけ見られるようだ。野外への導入経路は、観賞魚の放逐によると考えられる。

カダヤシ目　カダヤシ科　*Xiphophorus*属　｜　全長50mm

サザンプラティフィッシュ *Xiphophorus maculatus* (Günther, 1866)

サザンプラティフィッシュ　沖縄県石垣島産
改良品種の多くは、野外に定着して自然繁殖すると、世代を重ねるごとに原種に近い形態に戻ってゆく。写真の個体は放流されてからさほど時間が経過していないのか、改良品種の色彩をとどめている。

国内分布
沖縄県（沖縄島）

原産地
メキシコ、グアテマラ、ベリーズ、ホンジュラス

サザンプラティフィッシュ ♂
全長39mm　輸入個体

サザンプラティフィッシュ ♀
全長40mm　輸入個体

●形態と生態：体高が高くずんぐりしている。雌雄ともにほぼ同じ体型をしているが、メスは体内に仔魚を抱えていることが多いため、やや丸みを帯びる。また卵胎生のためオスの臀鰭は交尾器になっている。原産地では主に流れの緩やかな水路などに生息し、植物の豊富な岸近くを好む。小型の水生生物や植物質の餌を食う雑食性。本種は観賞魚として流通するが、一般には“プラティ”の名で販売されていることが多い。さまざまな改良品種が知られ、飼育が容易で繁殖も簡単なことから人気が高い種である。

●在来種への影響・移殖史：在来種への影響は不明だが、現在、定着が確実な水域はない。過去には沖縄島の国場川支流に定着し、繁殖もしていたようだが、河川改修後に姿を消したという。また、国場川上流に位置する南風原ダムでも観察記録があるが、こちらも現在は見られないため定着しなかったようだ。河川改修後に姿を消していることや、体高が高く止水環境での生活に向いた体型と考えられることから、自然度の高い流れの緩やかな環境を好むのかもしれない。野外への導入経路は観賞魚の放逐によると考えられる。

タウナギ目　タウナギ科　タウナギ属　｜ 全長600mm

タウナギ *Monopterus albus* (Zuiew, 1793)

タウナギ　奈良県橿原市産
国外では東～東南アジアにかけての広い範囲に分布するタウナギ。これらの地域では、食用魚としても一般的で、中国では漢方薬の原料にも利用されている。

国内分布
東京都、茨城県、神奈川県、静岡県、愛知県、三重県、和歌山県、京都府、奈良県、大阪府、徳島県、香川県、愛媛県、鹿児島県

原産地
中国東南部、朝鮮半島、台湾、インド、マレー半島、東インド諸島

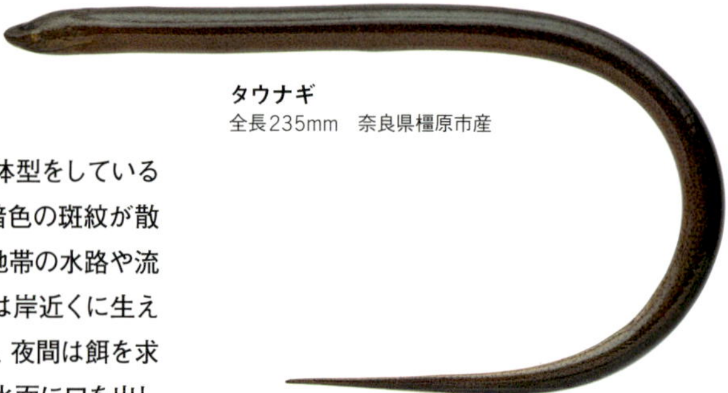

タウナギ
全長235mm　奈良県橿原市産

●**形態と生態：**ウナギのような体型をしているが、鰭はなく眼が小さい。体には暗色の斑紋が散在するが、変異が多い。主に水田地帯の水路や流れの緩やかな河川に生息し、昼間は岸近くに生える植物の根元などに隠れているが、夜間は餌を求めて活動する。空気呼吸を行い、水面に口を出してじっとしている姿がよく観察される。冬季に水田周辺の地中深く潜り込んで越冬する。水質汚染には比較的強く、家庭排水が流れ込む河川にも生息する。本種は最初、メスとして成熟し、成長にともないオスへと性転換する。産卵は巣穴入口の水面に作った泡巣で行われ、孵化した仔魚はオスが口の中で保護する。

●**在来種への影響・移殖史：**畦に巣穴を掘るため水田の水が抜けるなど農業への被害がある。本州の個体群は移殖の可能性が高く、特に奈良県を中心に分布する近畿地方の個体群は1900年ごろ、朝鮮半島から導入されたものだと考えられている。琉球列島の個体群は、自然分布の可能性が高いと考えられている。

スズキ目　スズキ亜目　タカサゴイシモチ科　*Pseudambassis*属　｜　全長50mm

インディアングラシィフィッシュ *Pseudambassis ranga* (Hamilton, 1822)

インディアングラシィフィッシュ　沖縄県沖縄島国場川産
沖縄島では、本種はたくさんのカワスズメ科魚類とともに生息している。体が透明なためか、非常に弱々しい印象をもつが、実際はかなり強い魚のようだ。

国内分布
沖縄県（沖縄島）

原産地
パキスタン、インド、バングラディシュ、ミャンマー、タイ、マレーシア

インディアングラシィフィッシュ
全長45mm　沖縄県沖縄島国場川産

●形態と生態：タカサゴイシモチ科の種は互いによく似ている。本種も在来のタカサゴイシモチに似る。体高がやや高く、体は透明で、鰾（ひょう）（浮き袋）や骨格など内部の構造を見ることができる。特に若魚のころはより透明感が強く、名前の通りガラス細工のようである。その独特な形態から観賞魚としての人気が高い種で、飼育も容易なことから観賞魚店で目にする機会が多い。原産地では河川の淡水域から汽水域にかけて生息し、特に流れの緩やかな淀みを好み、主に小型の水生生物などを食う。産卵期は雨季にあたる季節で、繁殖時には親魚が卵を保護する習性がある。

●在来種への影響・移殖史：琉球列島には近縁のタカサゴイシモチ科魚類が汽水域を中心に分布しており、これらの生息地に侵入した場合、競争が生じる可能性がある。野外への導入経路は観賞魚の放逐によると考えられ、2001年に沖縄島の南風原ダムで初めて確認されている。今のところ最初に確認された南風原ダムや国場川上流など、特定の範囲でしか繁殖していないようで、個体数もそれほど多くはない。

スズキ目　スズキ亜目　スズキ科　スズキ属　｜ **全長800mm**

タイリクスズキ *Lateolabrax* sp.

タイリクスズキ　養殖個体
タイリクスズキは釣りの対象魚として人気が高い。高知県浦之内湾では、120cmを超える大物が釣り上げられた記録がある。

国内分布
福島県以南の太平洋岸、瀬戸内海、秋田県、福井県

原産地
黄海と渤海を含む東シナ海と、北部南シナ海の中国大陸沿岸

●形態と生態：体型はスズキに酷似するが、本種は体高がやや高く、吻が短いなどの違いがある。幼魚の時に見られる黒斑はスズキよりも大きい。また、スズキでは成長にともなって消える黒斑が本種では残り、おおむね40cm以上の個体で黒斑があればタイリクスズキだとされる。生息が確認された水域のほとんどでスズキと混生しているが、スズキよりも淡水に依存する傾向が強く、河川にも積極的に侵入する。生息地の一つ高知県浦戸湾とその流入河川では、海水の影響が強い浦戸湾ではスズキが多く、流入河川では淡水の影響が強くなるにしがたってタイリクスズキが多くなる。河川下流域や内湾、沿岸域に生息する。

●在来種への影響・移殖史：スズキ、タイリクスズキがともに分布する朝鮮半島南西部でも、両種の雑種が見つからないことから、交雑の可能性は少ないと考えられている。しかし、餌や生息地をめぐってスズキとの間に競争が起こるほか、水生生物が直接捕食されることにより減少することも考えられる。特にタイリクスズキの成長が早いのは、餌の摂餌量がスズキに比べて多いためと考えられており、このような点からも餌となる水生生物に与える影響は、スズキより大きいと考えられる。1990年より中国産種苗の養殖が始まり、生け簀の破損などで逃げ出したものが野生化している。【事例04：p.79】

タイリクスズキ
全長516mm　高知県下田川産

タイリクスズキ 若魚
全長176mm　養殖個体

類似種

スズキ
Lateolabrax japonicus
全長454mm　千葉県産

スズキ 若魚
Lateolabrax japonicus
全長213mm　千葉県産

タイリクスズキの頭部
吻が短く顔が丸い

スズキの頭部
吻が長く顔はとがる

タイリクスズキ若魚の黒斑
全長176mm
黒斑は鱗よりも大きい個体が多い

スズキ若魚の黒斑
全長213mm
黒斑は鱗と同程度の大きさで数が少ない

事例 case 04 タイリクスズキ

タイリクスズキは、1990年から養殖種苗として中国から輸入されるようになり、現在では愛媛県の他、香川県、宮崎県、静岡県、石川県、福井県などで養殖されている。当初は中国で採捕される天然種苗に頼っていたが、1994年からは台湾産の受精卵が輸入されるようになり、また、初期に導入した種苗を親魚まで養成し、人工採卵による種苗生産を行い、養殖用として販売も行われているという。日本の天然水域での確認は、1992年、愛媛県宇和島市の来村川で釣り人により釣り上げられた本種が、釣り雑誌に紹介されたのが最初のようである。本種は海面小割生簀で養殖されるため、波浪の影響等によって網が破損すれば容易に逸出し、付近の天然海域で野生化する。そのような個体は、愛媛県の他に、高知県、熊本県、宮崎県、山口県、三重県、東京湾、秋田県などで釣獲あるいは漁獲されている。

本種は在来のスズキに比べるかなり大きく成長し、全長1mを越える個体も珍しくない。形態や生活史が類似するスズキとは、生態的に競争となる可能性が高く、最初に確認された来村川では、1999年までにスズキが釣れなくなり、タイリクスズキに置き換わってしまったという。現時点で本種の稚魚は日本の天然水域から得られておらず、繁殖したり定着したとの情報はないが、稚魚期の判別方法も含めて詳細な調査研究が必要であろう。また、スズキとの交雑が懸念されているが、朝鮮半島では西岸にタイリクスズキ、東および南岸にスズキが分布しており、分布が重複する地域でも交雑は生じていないという。ただし、有明海産のスズキ個体群については、遺伝的にタイリクスズキにより近いことがわかっており、その生息域へのタイリクスズキの導入については特に注意を払う必要がある。他の海域のスズキよりも、交雑が生じる危険性はより高いと考えられるからである。

本種はまた、主に魚類や甲殻類を捕食するとされるが、日本の天然海域でどの程度の影響を与えているのかはまったく不明であり、食性についての情報も皆無に近い。淡水への適応能力がスズキよりも高く、淡水域でも繁殖が可能であり、原産地の中国では河川を300kmも溯る場合があるという。湖沼に放流されたり、潟湖に侵入すれば、その影響は計り知れない。現状では逸出の記録も体系的に収集されておらず、早急な対策が必要である。

スズキ目　スズキ亜目　サンフィッシュ科　ブルーギル属　｜　全長200mm

ブルーギル *Lepomis macrochirus* Rafinesque, 1819

ブルーギルの老成魚　山梨県本栖湖
水中を悠々とおよぐブルーギル。全国の水域に見られるほど数が増えている。

●**形態と生態：**体は著しく側扁し、体高は高い。口は小さく、主鰓蓋骨上部後端には名前の由来である濃紺の斑紋がある。小魚や甲殻類、水生昆虫から水生植物まで、あらゆるものを食う雑食性。琵琶湖では、本来湖岸に多く生息するはずのスジエビがほとんど見られず、ブルーギルやオオクチバスが少なくなる5m以深から数多く出現することから、両種がかなりの数を捕食しているものと考えられる。主に流れの緩やかな河川下流域や湖沼に生息する。産卵期は琵琶湖では6～7月。婚姻色に彩られたオスが礫底域に産卵床を作るが、そのような場所に水草が密生していた場合、ていねいに抜き取る。ブルーギルの産卵床で特徴的なのはコロニーを形成する点である。一つ一つの産卵床にはなわばりがあり、それを守るオスは、侵入者を徹底的に排除するが、その範囲は狭い。そのため周辺には産卵床がいくつもできて、結果的にコロニーを形成するようになる。ブルーギルの産卵は、オスのもとに訪れたメスとペアになって寄り添い、産卵床の中で円を描くように回転しながら行われる。その際、オスは外側に位置しメスは内側で横倒しになる。産卵が終わると今度は別のメスが産卵床を訪れ、期間中には複数の個体が卵を産んでいく。また、なわばりを持てなかった小型のオスの中には、メスのような体色となって近づき、産卵時にいっしょに産卵床に進入して放精するものがいて、メスとほぼ同じ大きさの“メス擬態オス”と、さらに小さい全長4～6cmの“スニーカー”の存在が知られている。産卵後はオスがそのまま産卵床に残り、卵を保護する。

ブルーギル
全長203mm　茨城県北浦産

ブルーギル 幼魚
全長36mm　千葉県古利根沼産

●在来種への影響・移殖史：食性の幅が広いうえに、成長段階や生息地によって、主要な餌生物に違いが見られるなど、環境に応じて食性を変える柔軟さをもっている。侵入した水域に生息するあらゆる生物に対して影響を及ぼし、特にため池のような小規模水域では被害が大きい。日本のブルーギルは、1960年にアメリカ合衆国イリノイ州シェッド水族館産の18尾に由来する。

【事例05：p.86-87】

カメラを威嚇するブルーギル　滋賀県琵琶湖
婚姻色が現れ、胸部が鮮やかなオレンジに彩られたブルーギルのオス。産卵床を守る時期は、なわばりに侵入するものがたとえ人間であってもひるむことなく襲い掛かる。

国内分布
全国

原産地
五大湖からアメリカ合衆国東部を経てメキシコ北東部

ブルーギルの産卵の瞬間　滋賀県琵琶湖
カメラのすぐ前で産卵を始めたブルーギルのペア。その距離はおよそ50cmしかないが、特にカメラを意識することもなく産卵は続けられた。

卵の世話をするブルーギル　滋賀県琵琶湖
オスは産み付けられた卵を外敵から守るほか、少し上を向き尾鰭を箒のように振って卵にかかる泥を払いのけたり、胸鰭を使って新鮮な水を送ったりして世話をする。

ブルーギルの幼魚の群れ　滋賀県琵琶湖
水草が豊富に生える水域に群れるブルーギルの幼魚。このような場所は餌となる生物が多く、また隠れ家にもなるため、たくさんの魚が集まる。オオクチバスの幼魚の姿も見える。

隣接する産卵床　滋賀県琵琶湖
ブルーギルのなわばりは範囲がさほど広くないため、隣接して作られることが多い。時には数十もの産卵床が集中することもある。産卵床は、表面の砂を払いのけて浅いすり鉢状に作られていることがわかる。

ブルーギルの孵化仔魚　滋賀県琵琶湖
孵化して間もないブルーギルの仔魚。たくさんの仔魚が産卵床の中でかたまっている。ブルーギルの産卵床には複数のメスが卵を産み付けるため、多いときには22万粒にもなるという。

事例 case 05 ブルーギル

1960年10月に日本に持ち込まれたブルーギルは、翌年5月に淡水区水産研究所で繁殖し、うち3,000尾が1962年に大阪府淡水魚試験場に分与された。天然水域への導入は、1966年4月、静岡県伊東市の一碧湖に放流されたのが最初とされているが、これに先立ち、淡水区水研が生産した種苗は、1963～1964年にかけて、徳島、高知、宮崎の3県にある4つのダム湖に放流されている。また、1964～1965年にかけては、大阪府水試により野外の溜池3か所に試験放流されている。1968年以降、大阪府水試を中心にブルーギルの養殖普及が進められ、大阪府内はもちろん、府外へも多くの養殖種苗もしくは親魚が配布された。1968年度の配布先は、西日本を中心に18都府県、翌69年度には10県に及んでいる。これらの大部分は食用魚の生産を目的として池中養殖されたが、中にはダム湖への放流用に配布されたものもある。

ブルーギルは、1970年代前半までは食用として各地で増養殖が試みられたが、産業としては軌道に乗らず、1970年代後半になると商品価値が低下し、急速に養殖されなくなってしまった。また、1970年代以降、第一次バス釣りブームの到来とともに、釣り対象魚としても顧みられなくなった。野外に導入され繁殖した個体はもちろんのこと、放棄された養殖池のブルーギルが水系伝いに拡散し、その後の全国的な蔓延の核になったことは疑いない。

現在、ブルーギルは北海道から沖縄県までの全国に拡散しているが、1960年代から1980年代までの期間で、本種の移殖記録が明確な場所は、わずか26湖沼2河川に過ぎない。導入されたため池やダム湖から水系伝いに拡散するにしても、本種の生息が確認されている地点はあまりに多い。例えば河川からの侵入が不可能な溜池の多くに生息が確認されているし、孤立した公園の池にも見られる。そこではオオクチバスが同所的に見られることが多いことに加えて、1980年代になると本種の生息地点はそれ以前の8府県から35府県へと急増し、それは少年中心の第二次バス釣りブームの到来と次期を同じくすることから、その拡散には釣り人による関与が強く示唆される。ブルーギルをオオクチバスの餌としてセットで密放流することを推奨した記事が1976年9月に発行されたバス釣り関係の雑誌に掲載されたが、こうした釣り雑誌による扇動的な記事もまた、拡散に拍車を掛けた可能性が高い。

近年、ブルーギルの拡散プロセスは、遺伝子の研究からも考察されている。本種のミトコンドリアDNAのハプロタイプ多様度は生息地間で大きく異なるが、これは多くの生息地の個体群が少数の導入個体に由来しており、遺伝的多様性が失われる創始者効果の現れであろうと考えられている。また、導入年代が比較的新しい場所ほど多様度が低いが、そこに導入されるまでに他の生息地で何度かの創始者効果を経験した、つまり繰り返し少数個体が採捕されては放流されたと推定されている。これらのことは、本種の導入の多くが水系伝いの拡散ではないとする仮説を支持するものである。ただし、琵琶湖産アユ種苗に本種が混入していた事例が富山県で報告されていることや、1960年代にはすでに観賞魚店で本種が販売されていた記述があるなど、その拡散要因は程度の差こそあれ、きわめて多様であったことは事実であろう。

ブルーギルは同じサンフィッシュ科のオオクチバスと比べると体サイズははるかに小さいが、湖沼のような止水域では爆発的に個体数を増加させるため、在来水生生物や生態系に与える影響はきわめて大きいと考えられている。また、在来魚に比べると体高が高く、背鰭棘が発達しているため、共進化したオオクチバスとは共存すると同時に、共存地ではその影響を増幅させるとも言われている。琵琶湖では重量比でオオクチバスの5倍のブルーギルが生息し、餌となる魚とエビの量はオオクチバスと比較してそれぞれ1.4倍、1.6倍と試算されており、その深刻さが窺い知れよう。

ブルーギルが爆発的に増加する要因としては、最短1年で成熟する早い成長、卵稚仔を保護することによる高い生残率、口に入る動物や植物ならなんでも食べる幅広い食性などが考えられる。また、オオクチバスに対する形態的な防衛戦略（高い体高と鋭い背鰭棘）は、同時に在来生物からの捕食に対しても有効であると思われる。

ブルーギルが在来生物に与える影響としては、まず直接の捕食があげられる。オオクチバスに比べると口の口径は小さいが、モツゴのように体高の低い魚では容易に捕食され、体長14.3cmのブルーギルが体長6.4cmのモツゴを捕食することが実験的に確かめられている。滋賀県大津市の瀬田月輪大池では、ブルーギルの増加とともにモツゴが著しく減少したことが報告されている。また、ブルーギルは在来魚の卵稚仔を選択的に捕食することが知られているが、これはある時期に水域中に最も多く存在する餌料を優先的に利用する摂餌習性と無関係ではないだろう。この点では、ある一定の時期に発生する餌を選択的に捕食している在来生物との間で餌をめぐる競争になる可能性が高い。こうした在来生物への影響に加えて、琵琶湖では混獲による作業効率の低下や選別にかかる労力の増加など、漁業への影響も深刻であり、本種の防除はオオクチバスのそれと同様に最も緊急性を要する課題となっている。

スズキ目　スズキ亜目　サンフィッシュ科　オオクチバス属　｜　全長500mm

オオクチバス *Micropterus salmoides* (Lacepède, 1802)

オオクチバス　山梨県本栖湖
オオクチバスは好奇心旺盛な魚で、特に若魚はダイバーに興味を持って寄ってくることが多い。気づくと回りをたくさんのオオクチバスに囲まれていることもある。

●**形態と生態：**吻端から尾鰭基底にかけての体側中央に黒褐色の斑紋が並ぶ。和名からも想像できるように、口は大きく魚食性が強いが、魚以外にも水生昆虫や甲殻類などを捕食する。主に湖沼や河川下流域など、止水域や流れの緩やかな場所に生息する。原産地の北限はアメリカ合衆国の五大湖周辺なので、低水温には強く、冬でも活発に泳ぐ姿が潜水により観察されるが、生息水深は夏に比べて深くなる。産卵期は水温16℃に達するころからで、日本ではおおよそ4～6月ごろとなる。オオクチバスの卵巣や精巣は、産卵期の6か月も前から成熟を始めることが知られている。これは、産卵期初期に生まれた幼魚には餌となる生物が豊富なことや、後期に生まれた稚魚は初期に生まれた体の大きな稚魚に捕食されてしまう可能性があるため、産卵条件が整うといち早く産卵できるように準備しているからと考えられている。産卵は、まずオスが水深50cm～1mまでの礫底域の砂や泥を尾鰭で払いのけ、浅いすり鉢状の産卵床を作ることから始まる。底質が泥底であっても、少し掘れば礫が露出するような場所であれば問題なく作られる。周辺に隠れ家となりそうな岩や流木などの障害物がある場所は、特に好まれる。産卵床が完成すると、そこにメスを迎え入れて産卵が始まる。産卵は雌雄が寄り添い、湖底からわずかに浮いた状態で行われ、メスが水中に少しずつ卵を放出すると、オスもそれにあわせて放精を開始する。受精卵はそのまま産卵床の上に積もってゆき、やがて卵で真っ白に覆い尽くされる。産卵が終わると、オスはそのまま産卵床に残り、卵が孵化して稚魚が泳ぐまでのおよそ1か月間、保護する。一方、メスは産卵期間中に複数のオスと産卵を行う。

オオクチバス
全長217mm　千葉県印旛新川産

オオクチバス 若魚
全長138mm　滋賀県琵琶湖産

オオクチバス 幼魚
全長30mm　長野県木崎湖産

オオクチバス　奈良県池原貯水池
水中で遭遇した60cmを超えるオオクチバス。その大きさと体型からフロリダ半島産亜種との交雑個体と思われる。池原貯水池では、全長70cmを超える大物が釣り上げられた記録がある。

国内分布
全国（北海道では根絶）
原産地
五大湖からアメリカ合衆国東部を経てメキシコ北部

●在来種への影響・移殖史：オオクチバスが侵入し、定着した水域のほとんどで、在来種の減少が起こっている。特にため池などの小規模な水域では被害が大きくなり、中には希少淡水魚が絶滅した例もある。また、その被害は魚だけにとどまらず、トンボやゲンゴロウなどの昆虫にも及ぶ。1925年、アメリカ合衆国カリフォルニア州サンタローザ産の種苗を芦ノ湖に放流。さらに1972年には、ペンシルベニア州産とミネソタ州産のオオクチバスが、再び芦ノ湖に放流されている。現在、国内で確認されているオオクチバスは、そのほとんどが芦ノ湖に移殖された名義タイプ亜種の子孫であることが、遺伝子の分析などによりわかっている。奈良県池原貯水池では、フロリダ半島産亜種（通称フロリダバス）が放流されたことがあり、両亜種の交雑個体が生息している。そのほか琵琶湖からも、2000年ごろからフロリダ半島産亜種の遺伝子をもつ個体が見つかっている。標本写真の若魚は2000年12月に琵琶湖に流入する河川で採集したものだが、側線有孔鱗数は68枚であった。これは名義タイプ亜種とフロリダ半島産亜種のどちらにも当てはまる数値であるものの、オオクチバスとしてはかなり多く、また、体側の黒斑が縦帯を成さずに横斑状になる傾向があること、体高が低いことなどから、フロリダ半島産亜種、あるいは名義タイプ亜種とフロリダ半島産亜種の交雑個体の可能性がある。

【事例06：p.96-97】

オオクチバスの産卵　滋賀県琵琶湖
オオクチバスの産卵は、日中であれば特に時間帯を選ばない。早朝に産むこともあれば日没直前に産むこともある。産卵は水温によって誘発されるため、適水温に達すると一斉に始まる。

オオクチバスの卵　山梨県本栖湖
産卵床にびっしりと産み付けられた卵。卵の大きさは直径1.5mmほどしかなく、とても小さい。一つの産卵床に産み付けられる卵の数は、平均すると5,000～7,000粒あり、特に多い産卵床では11,000粒を超える。

卵を守るオオクチバス　山梨県本栖湖
礫底域に作られた一般的なオオクチバスの産卵床。礫の表面にある泥が、きれいに払いのけてあるのがわかる。オスは卵に新鮮な水を送ったり泥がかぶらないように掃除をするなど、懸命に世話をする。

卵を守るオオクチバス　滋賀県琵琶湖
オオクチバスの産卵床はふつう砂礫底に作られるが、中には水草に産み付けることもある。周囲が泥底で産卵床を掘るのに向いていない場所では、仕方なく水草を選択するようだ。

オオクチバスの仔魚　滋賀県琵琶湖
孵化して間もないオオクチバスの仔魚はまだ泳げないため、産卵床の中でじっとしている。この時期の仔魚は、体も透けていてとても弱々しい。腹に見える黄色い卵黄は、およそ1週間で吸収される。

泳ぎ始めるオオクチバスの稚魚　滋賀県琵琶湖
いよいよ泳ぎ始めたオオクチバスの稚魚。もうしばらくは親魚の保護を受ける。オオクチバスが爆発的に増えた要因の一つには、最も弱い卵や稚魚の時期に、親に守られることがあげられる。

稚魚を守るオオクチバス　滋賀県琵琶湖
産卵床を守るオスは、なわばりに侵入するものには、そこから立ち去るまで何度も攻撃を繰り返す。卵のうちは警戒する範囲も産卵床周辺に限られるが、稚魚が泳ぎ始めるとより広範囲を警戒して泳ぐようになる。

オオクチバスの稚魚を襲うブルーギル　奈良県池原貯水池
オオクチバスの稚魚はしばらくの間、群れを作って過ごす。すでに親魚はどこかに去ってしまい、自分たちで身を守らなければならない。遊泳力があまりない稚魚のうちは、ブルーギルなどに襲われることも多い。

オオクチバスの幼魚　滋賀県琵琶湖
生まれて2か月ほど経過したオオクチバスの幼魚。大きさは3cm程度しかないが、すでに体形や模様はオオクチバスであることがはっきりとわかる。この時期は、岸近くに生える水草の間に隠れていることが多い。

群れるオオクチバスの未成魚　滋賀県琵琶湖
オオクチバスは、成長しても完全に単独で生活していることは少ない。特に大きな障害物がある場所には、たくさんのオオクチバスが集まる。写真は、岩が点在し水草が繁茂する水域に群れるオオクチバスの未成魚。

事例 case 06 オオクチバス・コクチバス

オオクチバスの日本への導入は、1925年、カリフォルニア州サンタローザ産の種苗が神奈川県芦ノ湖に放流されたものが最初である。1960年代までの導入先はごく限られたものだったが、1970年代にはそれまでの11府県から一挙に40都府県にまで拡大した。その背景には釣り雑誌や釣り具メーカーのバス釣り市場の拡大路線とバス釣り関係者によるバスの密放流があったことは疑問の余地がない。千葉県東金市の雄蛇ケ池に密放流されたのが1971年、山梨県河口湖での確認が1973年、そして琵琶湖での確認が1974年であった。1972年にはペンシルバニア州とミネソタ州産のオオクチバスが芦ノ湖へ再度導入されたが、このときの種苗の一部は非公式に千葉や関西方面へ持ち出され、密放流されたとされている。サンタローザ産の種苗とはミトコンドリアDNAのハプロタイプに違いがあり、これをマーカーにした分析では関東以北を中心に各地へ密放流されたことがわかっている。1980年代になると少年中心の第二次バス釣りブームが到来し、バスプロによるバストーナメントが開催されるなど、バス産業は肥大化の一途を辿る。1988年には全長60センチを越えることで人気の高いフロリダ半島産亜種（フロリダバスあるいはフロリダラージマウスバスなどと呼ばれている）が奈良県の池原貯水池や神奈川県の津久井湖に導入された。この亜種は関西を中心に拡散し、特に琵琶湖では大量の種苗が密放流されたことが遺伝的な研究から推定されている。

オオクチバスは2001年までに北海道から沖縄までの日本全国に拡散したが、問題はこの魚があまりに日本の淡水域に適応的で、爆発的な繁殖を背景に在来水生生物や水域生態系に破壊的な影響を与えてしまうことである。2004年、日本魚類学会自然保護委員会は、全国の水生生物研究者や保全関係者、都道府県の関係部署に向けてサンフィッシュ科3種による被害実例アンケート調査を行った。その結果、オオクチバスだけが生息し、その侵入の前後で大きな環境改変がないにもかかわらず、水生生物への顕著な被害が認められた事例が113か所も集まった。オオクチバスよりもブルーギルのほうが問題であり、環境が改変されなければ外来魚の影響は小さいという意見がある中で、それらの影響を排除できる事例は、オオクチバスによる影響の深刻さを改めて浮き彫りにした点で重要である。オオクチバスによる捕食は、琵琶湖におけるニゴロブナの減少や宮城県伊豆沼におけるゼニタナゴの絶滅といった魚類への影響だけでなく、種の保存庫として機能していた小さなため池に生息するゲンゴロウやトンボのような希少水生昆虫に対しても無視できない影響を与えていたのである。

2005年6月、特定外来生物に指定されたことで、オオクチバスの意図的な拡散には一定の歯止めがかかると期待されるが、全国的に蔓延したオオクチバスの影響を如何にして取り除き、また軽減していくのか、破壊されてしまった生態系を如何にして回復もしくは復元していくのかが喫緊の課題となっている。駆除効果の高い水抜きによるため池の干し上げ、湖沼での産卵床トラップや小型三枚刺網による成魚の捕獲、タモによる稚魚の掬い採り、誰にでも実施可能な釣りなど、水域特性に合わせた駆除が各地で実施されつつある。ただし、防除に熱心な自治体やNPOがある一方で、未だに有効利用を主張する水域が残されているなど課題も多い。首尾よく完全駆除に成功したとしても、再導入する生物の選定を誤れば新たな外来種問題を引き起こしかねないし、地域によっては駆除の過程で希少生物に対して回復不能なダメージを与える可能性もある。防除の実施にあたってはさまざまな分野の専門研究者との連携が必要である。環境省では、宮城県伊豆沼・内沼、栃木県羽田沼、石川県片野鴨池、愛知県犬山市内のため池、琵琶湖、鹿児島県藺牟田池の6か所を防除モデル地域に指定し、オオクチバスの駆除技術の開発や検証を中心とした調査を進めつつあり、その成果が期待されている。

オオクチバスと同属のコクチバスは、1925年にオオクチバスとともに日本に運ばれたとの記述があるが、実際に芦ノ湖に放流されたことを裏付ける証拠は残されていない。日本でこの種の生息が初めて確認されたのは1991年、長野県野尻湖でのことである。バス釣り関係者による密放流が繰り返されたものと思われ、わずか10年ほどの間に中部地方から東北地方を中心に拡散した。1995年9月付けの全国湖沼河川養殖研究会第68回大会要録には、5年くらい前に1,500尾ずつ2インチのコクチバスを輸入した人が2人いるらしいとの情報を観賞魚業者から得た、という釣り関係者の証言が残されている。逆算すると輸入時期は1990年ごろになるが、これは野尻湖や福島県檜原湖でのコクチバスの確認時期と矛盾しない。1995年当時、琵琶湖でコクチバスが初確認され、長野県の仁科三湖や栃木県中禅寺湖でも繁殖していたという。当初は標高の高い湖沼やダム湖などに生息地が限られていたが、近年では那珂川や鬼怒川のような大きな河川の中流域で繁殖を裏付ける個体が大量に確認されるなど、流水域での影響の拡大が大いに懸念されている。

特定外来生物

スズキ目　スズキ亜目　サンフィッシュ科　オオクチバス属　｜　全長400mm

コクチバス *Micropterus dolomieu* Lacepède, 1802

コクチバス　山梨県本栖湖
カメラをのぞき込むコクチバスのオス。ちょうど仔魚を守っている最中で、何度も様子を見に来た。オオクチバスと同じく、周囲に障害物がある場所に産卵床が作られることが多い。

国内分布
北海道から和歌山までの19都道県（北海道と山梨では根絶）

原産地
五大湖からアメリカ合衆国東部

●**形態と生態：**よく知られるオオクチバスとの形態的な違いは、主上顎骨後端が眼の中央下を越えない点にあるが、オオクチバスでも幼魚はこのような特徴を示すので、同定の際には注意が必要となる。体色は暗い黄色で、時に体側に8～15本の暗色の横帯、または横斑を現す。幼魚では特にこの横帯が黒く明瞭で、尾鰭後部にも黒色横帯がある。15cm以上に成長すると主鰓蓋骨後端の白色斑が目立つようになる。主に湖沼に生息するが、流れのある河川にも見られ、ザリガニや小魚を好んで食う。産卵は水温13℃に達するころから始まるが、特に16～18℃の間で盛んに行われる。オオクチバスも17～18℃の間で産卵が盛んになるが、両種が生息する水域では、コクチバスのほうが深所に産卵床を形成するため、水温が上がりにくく産卵期がいくぶん遅れる傾向にある。

●**在来種への影響・移殖史：**オオクチバスの生息には適さない河川上流～中流域にも生息することが可能なため、そのような環境に侵入、定着すれば、今までオオクチバスが侵入できなかった水域の在来種が、捕食などの被害を受ける危険性がある。コクチバスの導入は1925年にオオクチバスとともに芦ノ湖に放流したのが最初とされるが、その証拠はなく、その後も確実な記録がなかった。野外で初めて確認されたのは、1991年の長野県野尻湖で、以降、長野県や福島県を中心に分布が拡大している。導入経路の多くは、釣りを目的とした密放流と考えられる。【事例06：p.96-97】

コクチバス
全長204mm　福島県檜原湖産

コクチバス 若魚
全長106mm　長野県木崎湖産

コクチバス 幼魚
全長30mm　長野県木崎湖産

コクチバス　山梨県本栖湖
岩礁地帯を泳ぐコクチバス。水中に障害物が多いところでよく見かける。左の2匹はオオクチバス。

コクチバスの仔魚　山梨県本栖湖
孵化して間もないコクチバスの仔魚が、産卵床の中にかたまっている。体色は黒く、湖底に同化する保護色となっている。

スズキ目　スズキ亜目　カワスズメ科　*Amatitlania*属　｜　全長90mm

コンビクトシクリッド *Amatitlania nigrofasciata*（Günther, 1867）

コンビクトシクリッド　沖縄県沖縄島南風原ダム産

国内分布
沖縄県（沖縄島）

原産地
グアテマラ、エルサルバドル、ホンジュラス、ニカラグア、コスタリカ、パナマ

コンビクトシクリッド
全長94mm　沖縄県沖縄島南風原ダム産

コンビクトシクリッド 白化個体
全長90mm　沖縄県沖縄島南風原ダム産

●形態と生態：国内に生息しているカワスズメ科魚類の中では小型の部類に入り、全長は10cm程度にしかならない。体側にある8～9本の暗色の横帯はよく目立つ。体高は高く、成熟した個体では頭部が張り出すため、手にとって見ると四角い魚という印象が強い。背鰭および臀鰭の軟条は伸長し、オスの軟条はメスよりも長くなる。主に流れのある河川の浅瀬や小川に生息し、特に岩礁の亀裂が多い場所や、植物の根が水中に伸び、礫が豊富にある水域を好む。産卵期には雌雄でなわばりをもち、卵や孵化した稚魚を保護する習性がある。小型の水生生物のほか、付着藻類など植物質の餌も食う雑食性。

●在来種への影響・移殖史：沖縄島の南風原ダムや那覇市内の用水路で生息が確認されているが、特に南風原ダムでは個体数が多く、トラップを仕掛けるとほぼ確実に本種がかかる。また、白化個体も稀に採集される。観賞魚としての流通量は決して多くはないが、沖縄島の野外への導入経路はこれら観賞魚の放逐と考えられ、1990年に初めて確認されている。国外でも放逐によると考えられる生息地があり、アメリカ合衆国やオーストラリアで確認されている。

スズキ目　スズキ亜目　カワスズメ科　カワスズメ属　｜　全長350mm

要注意外来生物

カワスズメ *Oreochromis mossambicus* (Peters, 1852)

カワスズメ　沖縄県石垣島産

カワスズメの口内保育　沖縄県石垣島産

産まれた卵はメスが口にくわえて保護する。孵化後、稚魚が泳ぐようになってからもしばらくはメスによる保護が続き、周りに外敵がいないときは群れでメスの周囲を泳いでいるが、危険を感じると口の中に一斉に逃げ込む。

国内分布

北海道、鹿児島県、沖縄県

原産地

モザンビークから南アフリカのアルゴア湾にかけてのアフリカ大陸南東岸

カワスズメ
全長149mm　沖縄県石垣島産

カワスズメ 幼魚
全長61mm　沖縄県石垣島産

●形態と生態：体は側偏し、口は吻端にやや幅広についており、主食となる付着藻類などを食べるのに適した形状をしている。全長40cmにまで成長するが、メスは10cm程度ですでに成熟し、産卵が可能となる。塩分に対しての耐性があり、海水の2倍の塩分濃度でも生活できるという。沖縄島や石垣島では、移殖があったとは考えにくい小規模河川にも生息していることから、大雨による増水で海まで流された個体が手頃な河川に溯上して、自ら分布域を拡大させている可能性がある。河川下流域や湖沼など流れの緩やかな場所に好んで生息する。

●在来種への影響・移殖史：産卵期にはなわばりをもち、同種、他種を問わず侵入する魚には攻撃を仕掛ける。本種は体が大きいことに加え、温暖な琉球列島では産卵期が長く、個体数も多いため、在来種が本来の生息場を追いやられている可能性がある。特に石垣島では環境省版レッドリストで絶滅危惧種に指定されているタメトモハゼやタナゴモドキの生息地にも多く見られるため、影響が心配される。1954年7月にタイから輸入され、同年8月には台湾島からも輸入されている。

スズキ目　スズキ亜目　カワスズメ科　カワスズメ属　｜ **全長500mm**

ナイルティラピア *Oreochromis niloticus* (Linnaeus, 1758)

ナイルティラピア　山梨県平等川産
成長は驚くほど速く、体重50gの魚を水温24℃で飼育した場合、約6か月で800gになる。さらに飼育下では3～4年で最大80cm、3kg以上に達するという。

国内分布
南日本の温泉地や工場排水で温暖な水域、沖縄県

原産地
熱帯西アフリカ、ナイル川水系、エチオピア、西リフト・バレー、イスラエル

ナイルティラピア
全長232mm　山梨県平等川産

ナイルティラピア 幼魚
全長47mm　山梨県平等川産

●形態と生態： 体型、模様ともにカワスズメに酷似するが、本種はより体高が高く、体側に横帯が入る。また、尾鰭全体に横縞が入る点がカワスズメとは異なり、よく似た両種のよい識別点となる。内部形態では下枝鰓耙数がカワスズメで14～20なのに対し、本種では20～26ある。繁殖形態はカワスズメと同じく口内保育を行う。本種は比較的低水温に強いが、10℃以下では生存できないため、本州の生息地は温泉水や工場の温排水が流れ込む、真冬でも一定の水温が保たれる場所に限られている。

●在来種への影響・移殖史： 在来種への影響はカワスズメとほぼ同じと考えられるが、本種は本州や九州に多く、生息地もほとんどが温水の流れ込む水域に限られる。1962年にエジプトのアレキサンドリア水族館から贈与された。食用として盛んに養殖されたこともある。

オトファリンクス・リトバテス *Otopharynx lithobates* Oliver, 1989

オトファリンクス・リトバテス　沖縄県沖縄島南風原ダム産
国内へは主に東南アジアの養殖魚が輸入されるが、養殖に使用される親魚は交雑種の可能性があるとされている。

採集直後のオトファリンクス・リトバテス
成熟したオスは全身が鮮やかな青色になる。

国内分布
沖縄県（沖縄島）

原産地
マラウィ湖（アフリカ大陸）

オトファリンクス・リトバテス ♂
全長102mm　沖縄県沖縄島南風原ダム産

オトファリンクス・リトバテス ♀
全長81mm　沖縄県沖縄島南風原ダム産

●形態と生態：成熟したオスは全身が金属光沢のある濃青色となり、背鰭外縁は黄色く縁取られる。また、若魚やメスではやや青みがかった銀色をしており、体側にある3つの黒斑がよく目立つ。生時にはきれいな青色の体色は、標本にすると黒ずんでしまう。原産地のマラウィ湖では、主に岩礁地帯の岩穴に生息しており、産卵もこれらの穴の中で行われる。しかし、沖縄島の生息地は底が軟泥で、透明度も非常に低く、本種の生息には適していないように思えるが、個体数は多い。繁殖は口内保育の形態をとり、メスが卵や仔魚を保護する。

●在来種への影響・移殖史：沖縄島南部の南風原ダムに生息しているが、ここから流出する国場川では、ダム直下の上流部でも今のところ確認されていないようである。南風原ダムで確認される魚種はほぼすべて外来種であるため、競争関係にある在来種は存在しないと思われる。ただし他水域への拡散を防ぐことが重要。野外では1996年ごろから確認されており、導入経路は観賞魚の放逐と考えられる。

事例 case 07

沖縄の外来魚事情

琉球列島に導入された外来魚は、記録の明確なものとしてはマラリアの撲滅を目的として1919年に台湾から石垣島に運ばれたカダヤシが最初であろう。現在では各地に拡散して水田や水路などを中心に定着している。また、食用として1954年に台湾から輸入され、各地に放流されたカワスズメや、1970年代に養殖されていたものが逸出して拡散したナイルティラピアなどが、汚濁の進んだ都市河川や河口域を中心に繁殖している。

一方、1960年ごろから久米島の水田地帯に定着したグリーンソードテールや、1970年ごろから沖縄島の都市部で見られるようになり、現在では広く拡散したグッピーは、個人が趣味で飼育していた熱帯性観賞魚が放逐されたという点で注目に値する。なぜなら、亜熱帯の沖縄の温暖な気候下では、観賞魚店で販売されている多種多様な熱帯性淡水魚が、放逐されれば容易に定着する可能性があることを示唆しているからである。実際、その懸念が現実のものとなったのが、1985年ごろから沖縄島の河川に定着した南米原産のマダラロリカリアである。この魚が繁殖している琉球大学構内の貯水池で、1989〜1991年にかけて実施された調査では、水温が最低となる1月でも平均水温は17.3℃あったという。この程度の一時的な水温低下であれば、多くの熱帯性魚類が耐えうると思われる。

問題はなぜ観賞魚が放逐されたかである。マダラロリカリアは全長50cmに達する大型種なので、飼育に困った者が放逐したのかもしれないが、愉快犯的な心境で放逐した可能性も否定できない。アマゾンの淡水魚が沖縄でも繁殖したらおもしろいだろうと思う者がいないとは言えない。ところが最近になってそれまでとは比べものにならない速度で多くの観賞魚が確認されるようになる。2001年、東南アジア原産のゼブラダニオやパールダニオが国頭村安田の農業用ため池に、同じく東南アジア原産のインディアングラシィフィッシュや中米原産のコンビクトシクリッド、アフリカのマラウィ湖原産のオトファリンクス・リトバテスが南風原ダムに定着していることが報告された。この他にも、南米原産のブラックアロワナを筆頭に多種多様な熱帯性観賞魚の野生化が、ため池やダムなどで確認されているという。鑑賞魚業者が野外へ放流し、繁殖した個体を回収して販売しているのではないかとの憶測が飛ぶほど、もはや愉快犯では片付けられない事態に進展している。熱帯性観賞魚の放逐が、いかに生物多様性にとって危険であり、また愚かな行為であるのか、まずは普及啓発が必要であろうが、販売や流通への法的規制も視野に入れた対応が必要な段階にきていると言える。

スズキ目　スズキ亜目　カワスズメ科　ティラピア属　｜ 全長350mm

ジルティラピア *Tilapia zillii* (Gervais, 1848)

ジルティラピア　沖縄県沖縄島南風原ダム産
国内に生息する3種のティラピア類はどれもよく似ており、さらに沖縄島には3種とも定着しているため、見分けるのがなかなか難しい。

国内分布
滋賀県、鹿児島県、沖縄県

原産地
アフリカ大陸赤道以北、パレスチナ

ジルティラピア
全長107mm　沖縄県沖縄島南風原ダム産

●形態と生態：体型はカワスズメに似るが、本種は臀鰭軟条数が7～9と、カワスズメの9～12、ナイルティラピアの10～11よりも少ない。全長10cm程度の個体でも胸部周辺が赤く彩られ、背鰭後方の黒斑が目立つほか、尾鰭は黄色みを帯びる。本種はカワスズメのような口内保育は行わない。沖縄島の河川ではカワスズメが多数生息しているにもかかわらず、本種はごくまれに採集される程度である。個体数が多く、完全に再生産が行われていると考えられるのは、池やダム湖に限られていることから、雨が降ると急激に増水する沖縄島の河川では、繁殖が難しいのかもしれない。

●在来種への影響・移殖史：九州以北では滋賀県や鹿児島県にわずかに生息地があるが、冬季の低水温に耐えることができないため、工場の温排水や湧水が豊富で一定以上の水温を維持できる水域にのみ生息している。そのため、在来魚に対しての影響はあまりないものと考えられる。また、沖縄島のジルティラピアが侵入している水域には多くの外来種が定着しており、すでに在来魚種はほとんど確認できない状況にある。1962年にエジプトのアレキサンドリア水族館から贈与。

事例 case 08 タイワンキンギョ

タイワンキンギョは、チョウセンブナと同じゴクラクギョ科ゴクラクギョ属の淡水魚である。チョウセンブナよりも南方系で、中国南部からベトナム、ラオス、台湾、そして琉球列島に分布している。沖縄島では本種の好む止水環境は戦後の土地改良事業で消失し、その後も農薬の散布や外来魚の侵入などによって悪化の一途を辿ってきた。環境省版および沖縄県版のレッドリストでは、ともに絶滅危惧IA類に指定され、絶滅寸前の状態にある。

ところでタイワンキンギョの琉球列島個体群が自然分布かどうかについては結論がでていない。1927年、黒岩恒氏が、琉球王朝時代に南清より持ち込まれ、その後各地に移殖されたのは歴然であると記して以来、どちらかと言えば国外外来種の立場を取る研究者が多かったようだ。しかしながら、黒岩氏の意見は、首里人士の移住地と分布の関連性や、呼び名（別名を唐魚という）からの推定に過ぎず、琉球王朝時代の交易記録を調査したものではないし、輸入目的や交易品としての価値についての考察もない。また、明治大正のころには国頭村も含めて各地に多産したとされており、石垣島や久米島からの記録もあるなど、分布もかなり広いことから自然分布と考えるのが妥当であるとの意見もある。琉球列島で移殖記録がある島は、沖永良部島（1937年）や南大東島（戦前）である。

タイワンキンギョに限らず、海洋島的な特性を持つ琉球列島では、純淡水魚の多くが外来種ではないかと考えられてきた。確かにカダヤシやヒレナマズ、コイのように移殖であることが確実なものも多いが、1983年にメダカが遺伝的に固有な特徴を持つことが明らかにされて以来、少し見方が変わってきた。近年では琉球列島のタウナギは小型で口内保育をしないなど、形態や生態が大陸から日本へ移殖されたものとは異なることが報告され、在来個体群である可能性が高まっている。また、琉球列島のギンブナには、大陸や台湾、日本本土のものとは遺伝的にも生態的にも異なる集団が含まれていることが、最近のミトコンドリアDNAの分析によって明らかにされつつある。在来種か外来種かを科学的に判断することは難しいが、近年では遺伝子分析の進歩が著しく、この分野での活用が大いに期待されている。

スズキ目　ゴクラクギョ科　ゴクラクギョ属　｜ 全長60mm

チョウセンブナ *Macropodus ocellatus* Cantor, 1842

チョウセンブナ　茨城県行方市産
チョウセンブナは別名「闘魚（トウギョ）」と呼ばれる。産卵期のオスは攻撃的になり、なわばりをめぐって闘争するようになる。長野県飯綱町では、天然記念物に指定されている。

国内分布
茨城県、長野県、岡山県

原産地
長江以北の中国、朝鮮半島

チョウセンブナ ♂
全長75mm　茨城県行方市産

チョウセンブナ ♀
全長58mm　茨城県行方市産

●**形態と生態：**体はオリーブ色で、鰓蓋にはよく目立つ濃青色の斑紋がある。平野部の水田地帯にある水路や、ため池など流れのない場所を好み、空気呼吸を行えるため、溶存酸素の少ない水域にも生息する。産卵期は6～7月で、オスが水面に泡巣を作り、卵はその泡巣の中で孵化するまでの間、保護される。1970年代までは、本州各地に移殖されたが、その後、著しく減少している。一時期は完全に定着していながら、その後ほとんどすべての生息地で姿を消した理由は明らかではないが、水路の整備による生息環境の悪化や、農薬使用による影響などさまざまな要因が考えられる。

●**在来種への影響・移殖史：**在来種への影響については不明。関東地方では絶滅したと考えられていたが、最近、茨城県で新たな生息地が見つかった。この場所は人目につきやすく、さらに周辺の同じような環境の水路にはいないことから、密かに生き延びていたのではなく、ここ数年のうちに定着した可能性が高い。1914年、朝鮮半島から私的に輸入されたものが、1917年に逸出。

スズキ目　タイワンドジョウ亜目　タイワンドジョウ科　タイワンドジョウ属　｜ **全長300mm**

コウタイ *Channa asiatica* (Linnaeus,1758)

コウタイ　輸入個体
コウタイはタイワンドジョウやカムルチーと異なり、山間部の流れのある水域を好むという。

国内分布
沖縄県（石垣島）

原産地
長江以南の中国、台湾、海南島、ベトナム北部

コウタイ
全長196mm　輸入個体

コウタイ 幼魚
全長42mm　輸入個体

●形態と生態：日本に定着しているタイワンドジョウ科3種の中では最も小さく、最大でも30cm程度にしかならない。本種には腹鰭がないため、タイワンドジョウやカムルチーとは容易に識別できる。尾柄後端には眼状斑があり、体側にうすい水色の斑点が散在する。観賞魚として輸入されており、キャリコスネークヘッドの名で観賞魚店で見かける機会も多い。小魚や小型甲殻類などを食う。石垣島に定着していたが、近年、確実な記録がない。現在、石垣島で見られるのはタイワンドジョウばかりで、コウタイはすでに絶滅しているか、残っていたとしても個体数はきわめて少ないと考えられる。

●在来種への影響・移殖史：現在は石垣島にコウタイが見当たらないため、在来種への影響については詳しいことはわからない。養殖業者が1960年代に台湾から輸入したものが逸出したと思われる。

スズキ目　タイワンドジョウ亜目　タイワンドジョウ科　タイワンドジョウ属　｜　全長500mm

要注意外来生物

タイワンドジョウ *Channa maculata* (Lacepède,1801)

タイワンドジョウ　兵庫県三木市産
タイワンドジョウは、水草の豊富な水域に単独で生活している。浅い水路に入り込んでいることも多く、こんなところにと思えるような場所で網にかかり驚かされることがある。

国内分布
和歌山県、兵庫県、沖縄県（石垣島）

原産地
中国南部、台湾、海南島、ベトナム、フィリピン

タイワンドジョウ
全長422mm　兵庫県三木市産

タイワンドジョウ 幼魚
全長80mm　沖縄県石垣島産

●形態と生態：体側の斑紋は細かく、全長は最大で60cm程度とカムルチーに比べ小型。また、カムルチーでは背鰭軟条数45～54、臀鰭軟条数31～35であるのに対し、タイワンドジョウでは背鰭軟条数40～44、臀鰭軟条数26～29と少ないため、この点に注目すればより正確に同定できる。主にため池や流れの緩やかな河川、ワンドに生息している。国内では近畿地方と沖縄県石垣島に分布するが、特に兵庫県には本種が生息するため池が多い。上鰓器官という空気呼吸器官を持ち、水温が高くなる夏季の日中には、空気を吸うために水面に浮上する姿が見られる。

●在来種への影響・移殖史：小魚やカエルを好んで食うため、在来種の減少が考えられるが、在来魚には大きな影響を与えないようだ。これは、後述のカムルチーと在来魚の関係と同じ理由によるものと考えられる。国内へは1906年と1916年に台湾から輸入したものが、後に大阪府で野外へ逸出して繁殖したため、近畿地方を中心に分布するようになった。沖縄県石垣島へは、1960年代に台湾から輸入されたものが逸出。

スズキ目　タイワンドジョウ亜目　タイワンドジョウ科　タイワンドジョウ属　｜ 全長700mm

カムルチー *Channa argus* (Cantor, 1842)

カムルチー　茨城県霞ヶ浦産
口の中には鋭い歯が生えそろい、顎の力も強いためかまれると危険である。国内に生息する淡水魚の中では大型の部類に入り、ルアーなどでも釣れることから釣魚としての人気が高い。

小魚を食うカムルチー
茨城県霞ヶ浦産
小魚を捕らえた瞬間。特に成長が著しい若魚の時期にはよく食う。

国内分布
北海道、本州、四国、九州

原産地
アムール川から長江までの中国、朝鮮半島

カムルチー
全長428mm　佐賀県佐賀市産

カムルチー 幼魚
全長139mm　茨城県北浦産

●形態と生態： 体は細長く、体側にはヘビを思わせる斑紋がある。タイワンドジョウとともにライギョと呼ばれるが、本種のほうがより大型になり稀に1mを超える。主にため池やクリークなどの止水域に生息し、特に水生植物が豊富な水域を好み、水草の陰からカエルや小魚を襲って食べる。産卵期は6～8月ごろで、水面の水草をどけて巣を作り、そこに浮性卵を産む。親魚は雌雄で卵を保護し、孵化してもしばらくは稚魚の下で守っている。原産地では食料となっているが、国内ではヘビを連想させる姿から、食用として市場に流通することはほとんどない。また、体内には顎口虫が寄生している場合があるので生食は危険。

●在来種への影響・移殖史： 体が大きいため、たくさんの小魚を捕食していると考えられるが、カムルチーが多数生息している水域でも在来魚が極端に減少することはないようだ。これは在来魚とカムルチーの祖先が、過去に東アジアにおいて共進化してきた歴史があり、カムルチーは餌となる生物を過度に捕食せず、また在来魚にはカムルチーから身を守るというお互いの関係ができているためと考えられている。1923～24年ごろに朝鮮半島から私的に輸入されたものが奈良県で逸出したとされる。

スズキ目　ハゼ亜目　ドンコ科　*Micropercops*属　｜　全長50mm

ヨコシマドンコ *Micropercops swinhonis* (Günther, 1873)

ヨコシマドンコ　愛知県梅田川産
体型や色彩がジュズカケハゼやビリンゴなどによく似ているため、注意深く観察していないと見過ごしてしまう。

国内分布
愛知県

原産地
中国、朝鮮半島

ヨコシマドンコ
全長43mm　愛知県梅田川産

"ジュズカケハゼ"
***Gymnogobius* sp.**
全長60mm　東京都産

※関東平野の河川中流域に生息する"ジュズカケハゼ"は、未記載種と考えられている。

●形態と生態：体型、色彩ともにハゼ科の"ジュズカケハゼ"によく似るが、本種は尾柄がやや高くずんぐりしているほか、体側に境界のはっきりした暗色横帯がある。また腹側は黄色味を帯び、臀鰭はオレンジである。さらに腹鰭が2枚に分かれている点で、吸盤状の"ジュズカケハゼ"から識別できる。原産地では、主に流れの緩やかな河川や湖沼の水底付近で生活し、小型の水生生物や藻類などを食う。産卵期は4～5月ごろで、水底にある石の下面に卵を産み付ける。国内の生息地は比較的流れが速い河川で、本種は岸近くの淀みに見られるが、数はそれほど多くないようである。

●在来種への影響・移殖史：国内で唯一生息が確認されている愛知県の河川は水質がよくないため、本種と競争関係が生じると考えられる在来魚は確認できない。また、個体数も少ないため、現時点ではさほど在来淡水魚に影響があるとは思えないが、他の水域に拡散しないように注意が必要である。野外への導入経路は不明だが、中国および韓国産の淡水魚の種苗や釣り餌として輸入されるエビ類に混入していた可能性が考えられる。

事例 case 09 海外の外来魚事情

1996年に出版されたレーバーの著書「世界の外来魚類」によれば、なんらかの問題を引き起こした外来魚は、166の国と地域から34科204種以上が報告されている。ここではその中から象徴的な外来魚2種を最近の知見も含めて紹介する。いずれも国際自然保護連合によって世界の侵略的外来種ワースト100に選ばれている。

コイは、人類史上最も古くから移殖や飼育が行われてきた魚類であり、タンパク資源として人類の生存に多大な貢献をしてきた一方で、全世界的に拡散して生物多様性に大きな影響を与えている。コイの自然分布域は、黒海へ流出するドナウ川水系からコーカサス地方を経て中央アジアのアラル海周辺までと、日本を含めてアムール川から中国、ベトナムを経てインドネシアまでの東アジアおよび東南アジアと考えられており、ユーラシア大陸で大きく2分している。1世紀から4世紀にかけてドナウ川よりも西のヨーロッパへの輸送が行われ、5世紀から6世紀にかけては西へ向けての局所的な導入や飼育が開始されたという。7世紀以降は本格的な飼育や導入が盛んに行われ、1258年までにドイツやフランス、1560年までにスウェーデン、1660年までにはスペインやデンマークに達した。19世紀以降はヨーロッパ外へも導入され、現在ではほぼ全世界に広まっているが、そのうち少なくとも48の国と地域で外来種問題を引き起こしているという。中国ではヨーロッパに先立つこと500年早く飼育が始まったとされているが、周辺地域への導入の歴史はよくわかっていない。

北米への導入は、1831年にフランスからのものが最初で、現在ではアラスカのような寒冷地を除いてほぼ全域に拡散している。アメリカ合衆国では、コイが水生植物の根を掘り返して植生を破壊し、さらには水を濁らせてしまうことが問題となっている。植生の破壊により在来種の繁殖場所や仔稚魚の育成場が奪われ、水の濁りは植物の光合成を阻害するため、生態系に大きな影響を与えると考えられている。日本では、最近、これらの点に加えて植物プランクトンの生産に関与する排泄物にも注目した研究が進められており、コイが在来生物や生態系に与えるより具体的な影響が明らかにされつつある。

東アフリカのビクトリア湖は、世界第3位の面積を誇るアフリカ最大の湖で、進化の実験場として世界中の研究者から注目を集めている場所であるが、導入されたナイルパーチの捕食によって湖固有の魚類が大量絶滅したことであまりに有名である。この湖には500種以上のハプロクロミス亜科のシクリッドが生息しており、その系統は10万年前に起源するが、現生種の大部分はわずか14,700年前以降にこの湖内で種分化を起こした固有種と考えられている。というのは、この湖は地質学的証拠に基づき、14,700年前から15,600年前にかけての期間、完全に干上がっていたことがわかっているからである。

ナイルパーチが導入されたのは1954年のことで、ウガンダのアルバート湖産のものが放流されたという。ビクトリア湖のウガンダ水域では、1960年代は特に何事もなく経過したが、1970年代になるとナイルパーチの漁獲量に上昇傾向が現れた。そして1980年代に入ると事態は一変し、その量は爆発的に増加したのである。1976～1977年にかけての漁獲量は500トンだったが、1986～1987年には58,809トンに急増し、2000年には72,632トンに達した。1980年代の急激な増加と入れ替わるように湖からシクリッドが姿を消し、その数は10年で200種に達したという。

シクリッドの消滅は導入されたナイルパーチによる捕食が原因であり、人間活動が原因となって絶滅した脊椎動物の種数としては最大のものとされている。ただし、湖は広く、採集あるいは漁獲されなくなった種が本当に絶滅したのかを判断することは難しい。国際自然保護連合のレッドリストを見ると、絶滅宣言がでている同湖のシクリッドは37種に過ぎない。また、湖岸の岩礁に生息する種については比較的ナイルパーチの影響が少なかったようだ。近年では、ナイルパーチの乱獲が原因とみられる変化が現れており、絶滅したと考えられていた種が再び記録されることもあるという。ナイルパーチの撲滅は困難であろうが、資源量を漁業的にコントロールすれば、破壊されてしまった湖の生物多様性の保全が可能になるかもしれない。

コイ目　コイ科　コイ亜科　コイ属　｜　全長700mm

コイ *Cyprinus carpio* Linnaeus, 1758

コイ　山梨県本栖湖
国内に生息する淡水魚の中では大型の部類に入り、特に大きく成長したコイには風格がある。また食用魚や観賞魚として、とても馴染み深い存在だ。

移殖分布
全国

原産地　在来種：本州、四国、九州に広く分布していたと思われるが、詳細は不明。国外外来種：東ヨーロッパから東アジアにかけてのユーラシア大陸、台湾、インドネシア

コイの顔　千葉県印西市産
コイの特徴ともいえる2対のひげ。

ニシキゴイ　山梨県本栖湖
ニシキゴイは色彩が美しいことから、全国各地に放流されてきた。自然の中でニシキゴイの色彩はとても目立つ。

●形態と生態：口には2対4本のヒゲがあり、よく似たフナ属とは識別できる。付着藻類や水草、水生生物を食う雑食性で、タニシなどの巻貝の殻も喉にある頑丈な咽頭歯で砕いてしまう。全国の河川、湖沼に生息しており、水質の汚染にも強いため、都心を流れる川でもその姿を見ることができる。食用として養殖がさかんに行われており、また観賞用にも改良品種のニシキゴイ（錦鯉）が養殖されている。以前は、より体高が高い飼育型と体高が低い野生型に分けられていたが、最近の遺伝子研究から、野生型が日本の在来種で、飼育型はユーラシア大陸や台湾、インドネシア起源の外来種であることがわかっている。

●在来種への影響・移殖史：在来コイの移殖放流が古くから行われてきたことと、明治期以降、国外外来種のコイが各地に放流されたため、自然分布域は不明。また、外来コイとの交雑により遺伝子汚染が極度に進んだ。近年では移殖によって広まったコイヘルペスにより琵琶湖の在来コイが大きな被害を受けた。

コイ目　コイ科　コイ亜科　フナ属　｜　全長350mm

ゲンゴロウブナ *Carassius cuvieri* Temminck et Schlegel, 1846

ゲンゴロウブナ　千葉県印西市産
ゲンゴロウブナはフナ属の中では最も大きく成長し、最大で全長50cmに達する。主に釣りを目的として放流されているため、ため池などの独立した小さな水域にも生息していることが多い。

移殖分布
全国

原産地
琵琶湖・淀川水系

●形態と生態：体高が高く背が盛り上がり、眼の位置が低いなどの特徴から、同定が難しいフナ属の中にあって他種との識別は容易である。もっぱらプランクトン植物を食べるため、餌を濾しとるための鰓耙はフナ属の中で最も多く106～120ある。主に流れのゆるやかな河川や湖沼、ため池に生息し、群れをなして中層付近で生活する。産卵期は4～6月で、水草などに卵を産みつける。釣り人の間ではヘラブナと呼ばれ、その食性から釣るための技術が必要とされる。また、針がかりしてからの引きが強いので人気が高く、古くから全国各地に釣魚として放流されてきた。原産地の琵琶湖では食用として利用されており、鮒鮨の原料にもなる。ただし骨が硬いため、ニゴロブナには劣るという。

●在来種への影響・移殖史：本種は、プランクトン植物を主食とする一次消費者のため、個体数の割には水域生態系への影響がそれほど大きくないと考えられている。移殖は古くから行われており、1930年には茨城県霞ヶ浦に放流されている。ただし多くは釣りを目的としたもので、食用魚としての移殖は非常に少ない。現在、環境省版レッドリストの絶滅危惧IB類に指定されているのは、原産地で個体数が減少しているため。

コイ目　コイ科　コイ亜科　フナ属　｜ **全長250mm**

ギンブナ *Carassius auratus langsdorfii* Temminck et Schlegel, 1846

ギンブナ　千葉県産
琉球列島には在来種以外に中国、台湾、日本本土から導入されたフナ属の1種がいることが遺伝的研究によりわかってきた。ここでは、一括してギンブナとして扱った。

移殖分布
沖縄県（琉球列島）

原産地
在来種：琉球列島を含む全国
国外外来種：中国、台湾

●**形態と生態：**北海道から沖縄まで全国に分布する最も普通に見られるフナ属だが、体型や体色には地域ごとに若干の違いが見られる。ギンブナは通常は染色体数が約150ある3倍体で、雌性発生という特殊な繁殖方法をとり、メスしか存在しない。産卵期は4～6月で、産出した卵は他種の精子が引き金となって発生を始める。河川中流から下流、湖沼などに生息し、底生生物や藻類を好んで食う。

コイ目　コイ科　コイ亜科　フナ属　｜ **全長400mm**

ニゴロブナ *Carassius auratus grandoculis* Temminck et Schlegel, 1846

ニゴロブナ　滋賀県琵琶湖産
琵琶湖の漁師の話によれば、1960年代までは産卵期になると河川に大挙して押し寄せたという。現在、琵琶湖では本種の数が減っているため、放流事業が行われている。

移殖分布
富山県

原産地
滋賀県（琵琶湖）

●**形態と生態：**他のフナ属とは体高が低いことや、尾柄部が長く下顎が角張る点で識別できる。主にプランクトン動物やユスリカ幼虫を食うが、ドバミミズなどを餌にしても釣れる。産卵期は4～6月で、雨が降って流入河川が増水すると溯上してきて水草などに産卵する。中には水路を伝って水田に進入して産卵するものもいる。琵琶湖固有亜種で、鮒鮨の材料として有名。

コイ目　コイ科　タナゴ亜科　アブラボテ属　｜　**全長90mm**

ヤリタナゴ *Tanakia lanceolata* (Temminck et Schlegel, 1846)

ヤリタナゴ　福井県産
ヤリタナゴは人口飼料にも容易に餌付き、婚姻色も美しいので観賞魚に向いている。しかし、水槽内ではメスの産卵管はなかなか伸びず、飼育下での繁殖は難しい。

移殖分布
千葉県（県中部から南部）

原産地
本州、四国、九州（南部を除く）、朝鮮半島西岸

●**形態と生態：**口ひげが1対あり、背鰭の鰭膜にはアブラボテ属の特徴である滴型の黒斑が入る。水田地帯を流れる細流から、平野部の大きな河川、湖沼までさまざまな環境に生息する。タナゴ亜科の中では最も分布域が広く、地域によってオスの婚姻色に若干違いが見られる。産卵期は3～8月で、産卵母貝にはマツカサガイやニセマツカサガイなど、小型の二枚貝を選択する場合が多い。

コイ目　コイ科　タナゴ亜科　アブラボテ属　｜　**全長60mm**

アブラボテ *Tanakia limbata* (Temminck et Schlegel, 1846)

アブラボテ　滋賀県産
オスは産卵期には特に気性が荒くなり、飼育下では同種、他種を問わず追い掛け回している。自然下でも成魚はあまり群れを作らず、単独または数尾で生活しており、採集時に1か所で複数の成魚が網に入ることは少ない。

移殖分布
静岡県

原産地
濃尾平野以西の本州、淡路島、四国瀬戸内側、九州北部、壱岐、福江島、朝鮮半島西岸

●**形態と生態：**婚姻色が派手なタナゴ亜科の中にあって、アブラボテは黒を基調とした婚姻色で、吻端に現れる白い追い星がよく目立つ。産卵期以外の平常時でも薄い茶色といった独特な体色をしているため、他種との識別は容易。水の澄んだ細流に多いが、河川本流やため池などさまざまな環境に生息する。産卵期は4～6月で、マツカサガイなどに卵を産む。小型の水生生物のほか、付着藻類も食う雑食性。

コイ目　コイ科　タナゴ亜科　タナゴ属　｜ 全長70mm

シロヒレタビラ *Acheilognathus tabira tabira* Jordan et Thompson, 1914

シロヒレタビラ　岡山県産
岡山県の生息地では、流れがあまりない泥底の農業用水路よりも、河川の砂礫底域でよく見られる。ヤリタナゴと混生していることが多いが、個体数はヤリタナゴに比べてはるかに少ない。

移殖分布
青森県、島根県

原産地
濃尾平野、琵琶湖・淀川水系、高梁川以東の山陽地方、四国北東部

●**形態と生態：**タビラ類5亜種の中では最も体高が高い。肩部に暗青色の斑紋があり、体側後半部に青緑色の縦条がある。婚姻色が現れたオスでは臀鰭外縁が白くなり、その基底側は黒い。平野部の流れのゆるやかな河川や農業用水路、湖沼などに生息する。産卵期は4～7月で、伸長したメスの産卵管は灰白色。近年、各地で減少傾向にあり、琵琶湖のようにほとんど捕れなくなっている地域もある。

コイ目　コイ科　タナゴ亜科　タナゴ属　｜ 全長70mm

アカヒレタビラ *Acheilognathus tabira erythropterus* Arai, Fujikawa et Nagata, 2007

アカヒレタビラ　茨城県産
関東地方の主な生息地である北浦では、オオクチバスの減少により増加傾向にある。しかし、隣の霞ヶ浦で大繁殖しているオオタナゴが北浦でも確認され始めたので、再び減少する可能性もある。

移殖分布
青森県

原産地
宮城県、栃木県、茨城県、千葉県、東京都

●**形態と生態：**シロヒレタビラに似るが、婚姻色が現れたオスの背鰭および臀鰭外縁は赤く染まる。河川下流域や湖沼に生息し、捨石など障害物がある場所に多く見られる。また、冬場は船溜りなど水があまり動かない場所に群れて越冬する。産卵期は4～6月で、関東地方の主要生息地である茨城県北浦では流入河川に数多くのアカヒレタビラが溯上する。付着藻類のほか、小型の水生生物も食う雑食性。

コイ目　コイ科　タナゴ亜科　タナゴ属　｜ 全長100mm

カネヒラ *Acheilognathus rhombeus* (Temminck et Schlegel, 1846)

カネヒラ　岡山県産
日本産のタナゴ亜科の中では最も大きくなり、婚姻色が派手なため、観賞魚や釣魚としての人気が高い。移殖地の多くは、観賞魚の新たな生息地の創造や釣りを目的として意図的に放流された個体に由来すると考えられる。

移殖分布
宮城県, 茨城県

原産地
琵琶湖・淀川水系以西の本州、九州北西部、朝鮮半島西岸

●**形態と生態：**体は側扁し、体高は高い。平野部の河川や農業用水路、湖沼に生息し、付着藻類や水草を主食とする。産卵期は秋で、夏ごろから婚姻色が出はじめ、大きな背鰭と臀鰭が濃いピンクに彩られ美しい。メスの産卵管は体の大きさの割に短く、イシガイなど小型の二枚貝に好んで産卵する。孵化した仔魚はおよそ半年間二枚貝の中で過ごし、春になると水面付近を群れて泳ぐ幼魚が観察できる。

コイ目　コイ科　タナゴ亜科　タナゴ属　｜ 全長70mm

イチモンジタナゴ *Acheilognathus cyanostigma* Jordan et Fowler, 1903

イチモンジタナゴ　熊本県江津湖産
原産地で激減しているイチモンジタナゴは、環境省版レッドリストでは絶滅危惧IA類に指定されている。移殖地では増えていることがあるが、原産地がはっきりしないうえ、在来タナゴ亜科と競争が起こる可能性がある。駆除するべきかどうか、今後しっかり議論する必要がある。

移殖分布
富山県、岡山県、四国、熊本県

原産地
濃尾平野、近畿地方

●**形態と生態：**体高はタナゴ亜科の中で最も低く、体側には和名の由来となる青緑色の縦条が肩部から尾鰭基底まで入る。本来の生息地である琵琶湖や三方湖では、まったくと言っていいほど姿が見られなくなったが、山陽地方の河川に定着しており、さらに熊本県江津湖では普通に見られるほど数が多い。付着藻類を主に食うが、雑食性のため赤虫（ユスリカ幼虫）を餌にしてもよく釣れる。

コイ目　コイ科　タナゴ亜科　タナゴ属　｜ 全長80mm

ゼニタナゴ *Acheilognathus typus* (Bleeker, 1863)

ゼニタナゴ　東京都井の頭自然文化園
近年、ゼニタナゴの減少は著しく、確実な生息地は東北地方にわずかに残されているだけとなっている。主要な生息地の一つであった宮城県伊豆沼では、オオクチバスの侵入と同時に減少が始まり、2000年以降はまったく確認されていない。

移殖分布
長野県（諏訪湖）、静岡県

原産地
神奈川県、新潟県以北の本州

●形態と生態：鱗が細かくストレスにも弱いため、タナゴ亜科の中では最も繊細な印象を受ける。平野部の流れのゆるやかな河川や湖沼に生息するが、近年、各地で激減しており、まったく姿が見られなくなった水域も多数ある。産卵期は9～11月。メスの産卵管は長く、カラスガイやドブガイに産卵する。受精後4～7日で孵化した仔魚は、翌年の4～6月に浮出するまでの約半年間を二枚貝の中で過ごす。

コイ目　コイ科　カワヒラ亜科　ワタカ属　｜ 全長250mm

ワタカ *Ischikauia steenackeri* (Sauvage, 1883)

ワタカ　千葉県古利根沼産
ワタカは、全長10cmを超えるともっぱら水草を食うようになる。しかし、千葉県では透明度が低くほとんど水草が生えない生息地もあり、このような水域に生息するワタカは、主に水面に落ちた昆虫や小型甲殻類などを食っている。

移殖分布
関東地方、北陸地方、奈良県、岡山県、島根県、山口県、福岡県

原産地
琵琶湖・淀川水系

●形態と生態：体は側扁し、背がわずかに盛り上がる。背は灰色からオリーブ色で、体側から腹にかけて次第に銀白色となる。鱗は細かく、乾いた手で握るとすぐに剥がれてしまう。移殖地である利根川水系の河川や湖沼では普通に見られるほど数が多く、特に夏の高水温期には、水面付近を群れ泳ぐ姿がよく見られる。汚染にもさほど弱くないのか、生活排水が流れ込む河川でも餌を捕る姿が見られる。

コイ目　コイ科　ウグイ亜科　ヒメハヤ属　｜ **全長 100mm**

タカハヤ *Phoxinus oxycephalus jouyi* (Jordan et Snyder, 1901)

タカハヤ　神奈川県大岡川産
神奈川県大岡川で採集したタカハヤ。タカハヤが生息する区間は両岸が護岸され、場所によっては川底もコンクリートで固められた典型的な都市河川である。このような川に定着したタカハヤには、たくましさを感じる。

移殖分布
神奈川県（大岡川）

原産地
神奈川県西部、富山県以西の本州、四国、九州

●**形態と生態：**アブラハヤに酷似するが、本種は尾柄が高く、尾鰭後縁の湾入が浅い点で識別できる。また、体側には小さな暗色斑が全体に散在し、アブラハヤのような明瞭な黒色縦帯を持たない。河川上流から中流域に生息し、淵などの流れのゆるやかな場所を好む。アブラハヤと混生する河川では本種が上流に生息する。主に小型の水生生物を食うが、植物質の餌も食う雑食性。

コイ目　コイ科　ダニオ亜科　ハス属　｜ **全長250mm**

ハス *Opsariichthys uncirostris uncirostris* (Temminck et Schlegel, 1846)

ハス　さいたま水族館
移殖地の霞ヶ浦では、7月ごろの産卵期になると流入河川に溯上したハスを多数、見ることができる。特に早瀬では、婚姻色に彩られたオス同士がなわばり争いを繰り広げている。

移殖分布
関東地方、濃尾平野、中国地方、九州

原産地
琵琶湖・淀川水系、福井県（三方湖）

●**形態と生態：**オイカワに似るが、本種ははるかに大きくなり、全長25cmに達する。体は側扁し、口が「へ」の字状に曲がるのが特徴。幼魚は主にプランクトン動物を食うが、成魚は日本産のコイ科では珍しく魚食性が強い。普段は湖の表層付近を遊泳して生活するが、産卵期には流入河川に溯上する。産卵期は5～7月で、この時期のハスはぬめりがほとんどなく、つかむとざらざらしている。

コイ目　コイ科　ダニオ亜科　オイカワ属　｜　全長140mm

オイカワ *Zacco platypus*（Temminck et Schlegel, 1846）

オイカワ　千葉県産
地味な体色をした魚が多い日本の淡水魚の中で、産卵期に見せるオイカワの派手な婚姻色はとにかく目を惹く。ただしオイカワの性比には偏りがあり、メスの比率が高くオスは数が少ない。
枠内：オイカワ（幼魚）　茨城県産

移殖分布 東北地方、四国太平洋側、隠岐諸島島後、五島列島中通島、種子島、徳之島

原産地 関東、北陸以西の本州、四国瀬戸内側、九州北部、朝鮮半島西岸、中国東部

●形態と生態：体はやや側扁し、通常は銀白色をしている。しかし、産卵期のオスには青緑色や赤の斑紋が現れ、婚姻色はきわめて美しい。またオスの吻や頬には白いこぶ状の追星が発達し、さらに臀鰭軟条や体側にも追星が現れる。雌雄ともに臀鰭が大きいが、オスのそれは特に大きくなり、軟条も太くがっしりしている。河川中流域から下流域、湖沼などに生息する。夏には水深30cmほどの平瀬で活動していることも多く、産卵の様子が陸上からでもよく観察できる。雑食性で、藻類や小型の水生生物などを食うが、夕方になると水面を流れる昆虫を食う姿がよく見られる。そのような時はたくさんの波紋が現れ、雨が降っているかのようだ。

●在来種への影響・移殖史：琵琶湖産アユ種苗に混入して分散し、河川改修によって産卵に適した平瀬が多くなったことが、本種が広く定着できた要因と考えられている。しかし、近年は河床を掘り下げる改修が行われているほか、水量の少ない河川が増えて流れが緩やかになり、オイカワが減少しカワムツが増加する傾向にある。移殖も含め分布域が広いため地方名も多いが、愛媛県松山市の重信川では、昭和8年に移殖されたことから、ショウハチと呼ばれている。

コイ目　コイ科　ダニオ亜科　オイカワ属　|　全長150mm

カワムツ *Zacco temminckii* (Temminck et Schlegel, 1846)

カワムツ　岐阜県産
産卵期は5～8月で、このころのオスは顎から腹部にかけて赤く彩られる。また頭部の追い星は雌雄ともに現れるが、オスのほうがより大きい。

カワムツの腹鰭　腹鰭は黄色い

移殖分布
宮城県、関東地方

原産地 東海地方・能登半島以西の本州、四国、九州、淡路島、小豆島、壱岐、福江島

●**形態と生態：**体の幅に厚みがあり、吻端が丸みを帯びるため、全体がずんぐりして見える。体側には濃紺色の明瞭な縦条がある。河川上流～中流域に生息し、特に中流域ではオイカワと混生するが、本種はどちらかといえば淵などの流れのゆるやかな場所に多く、平瀬に多いオイカワとはある程度の棲み分けが見られる。昆虫のほか藻類なども食う雑食性。従来のカワムツB型。

コイ目　コイ科　ダニオ亜科　オイカワ属　|　全長150mm

ヌマムツ *Zacco sieboldii* (Temminck et Schlegel, 1846)

ヌマムツ　埼玉県越辺川水系産
ヌマムツとカワムツはよく似ているが、腹鰭の色の違いを覚えておけば簡単に識別できる。特にヌマムツは幼魚のころから腹鰭が赤いため、見慣れてしまえばどちらか迷うことはない。

ヌマムツの腹鰭　腹鰭は赤い

移殖分布
関東地方

原産地 東海地方、濃尾平野以西の本州、四国瀬戸内側、九州北部

●**形態と生態：**カワムツに似るが、本種の吻端はややとがり、体がやや細い。またカワムツは側線鱗数45～52、臀鰭鰭条数3棘10軟条であるのに対し、ヌマムツは側線鱗数53～65、臀鰭鰭条数3棘9軟条と形質に違いがある。ヌマムツは、より流れのゆるやかな河川下流域やため池などに生息する。食性はカワムツと同じく雑食性で、昆虫や藻類を食う。従来のカワムツA型。

コイ目　コイ科　ヒガイ亜科　モツゴ属　｜ **全長80mm**

モツゴ *Pseudorasbora parva* (Temminck et Schlegel, 1846)

モツゴ　岐阜県産
モツゴは、流れのゆるやかな河川や水路では、最も普通に見られる小魚だ。関東平野では、オオクチバスやブルーギルが生息する河川でも、本種は割と数多く見られることが多い。

移殖分布
北海道、東北地方、沖縄県。ただし中国大陸産のモツゴの導入の可能性も含めて、実態は不明。

原産地
関東地方以西の本州、四国、九州、朝鮮半島、台湾、アジア大陸東部

●**形態と生態：**体型はモツゴ属の中では最もスマートで、体側に黒色の明瞭な縦条が入る。口が小さいため関東地方ではクチボソと呼ばれ、雑魚釣りの対象魚として代表的な種である。側線は完全。産卵期は4～7月で、この時期には婚姻色でオスの体が黒くなり、口の周辺には鋭くとがった追い星が出る。河川下流域や湖沼など流れがほとんどない場所に生息する。

コイ目　コイ科　ヒガイ亜科　モツゴ属　｜ **全長70mm**

シナイモツゴ *Pseudorasbora pumila pumila* Miyadi, 1930

シナイモツゴ　新潟県産
シナイモツゴは、現在ではモツゴが侵入していない山間部のため池などに見られる。しかし、このようなため池にも近年はオオクチバスが放流され、生息地はさらに減少している。

移殖分布
北海道

原産地
新潟県、長野県、関東平野以北の本州（関東地方は絶滅）

●**形態と生態：**体色は飴色で頭部が大きく、モツゴに比べるとずんぐりしている。側線は不完全で、前方の2～5鱗に限られる。体側の黒色縦条はメスでは明瞭。かつては河川下流域や湖沼など平野部にも生息していたが、同属のモツゴが侵入すると、競争により本種が減少あるいは絶滅することがわかっている。産卵期は4～7月で、この時期のオスは婚姻色で全身が黒くなる。

コイ目　コイ科　ヒガイ亜科　ヒガイ属　｜ **全長170mm**

ビワヒガイ *Sarcocheilichthys variegatus microoculus* Mori, 1927

ビワヒガイ　山梨県本栖湖
ビワヒガイのオスは婚姻色が現れると、鰓蓋から胸部にかけて鮮やかなピンクに彩られ眼は赤くなる。また、頭部や体側前方は青みを帯びる。メスは体色に変化は見られないが、先端がわずかに膨らんだ産卵管が伸びる。

移殖分布
東北地方、関東平野、山梨県（本栖湖）、北陸地方、長野県（木崎湖、諏訪湖）、高知県

原産地
滋賀県（琵琶湖、瀬田川）

●**形態と生態：**若魚は体側に明瞭な黒色縦条があるが、成長に伴い不明瞭となり、代わりに雲状斑が散在するようになる。主に底近くを遊泳し、産卵期にはペアになって泳ぐ姿を見かける。卵はタナゴ亜科同様、二枚貝に産みつけるが、タナゴ亜科が出水管から鰓葉内に産むのに対し、本種は入水管から外套内に産みつける。そのためビワヒガイの卵はほぼ球形で、タナゴ亜科の卵とは形状がまったく違う。

コイ目　コイ科　ヒガイ亜科　ムギツク属　｜ **全長120mm**

ムギツク *Pungtungia herzi* Herzenstein, 1892

ムギツク　岡山県産
ムギツクが託卵に利用するのはオヤニラミやドンコで、これらが守っている卵の周囲に集団で卵を産みつけていく。魚食性が強いオヤニラミやドンコのなわばりに突入しての産卵は、まさに命がけである。

移殖分布
群馬県、東京都、千葉県

原産地
福井・岐阜・三重県以西の本州、四国北東部、九州北部、朝鮮半島

●**形態と生態：**体はやや細長く、小さな口が吻端にあり短いひげが1対ある。体側には吻端から尾鰭基底まで明瞭な黒色縦条が入るが、老成魚では不明瞭となる。河川中流域に生息するが、特に淵など流れのゆるやかな場所を好む。産卵期は5～6月で、雌雄ともに小さな追星が現れるが、婚姻色は出ない。またムギツクは繁殖の際、託卵することが知られている。

コイ目　コイ科　バルブス亜科　タモロコ属　|　**全長70mm**

タモロコ *Gnathopogon elongatus elongatus* (Temminck et Schlegel, 1846)

タモロコ　千葉県産
関東地方では河川改修で直線化された細流でも、川底がコンクリート化されていなければ生息していることが多い。他種がほとんど棲めず、タモロコばかり採集できる川も多い。

移殖分布
東北地方、九州

原産地
関東地方以西の本州、四国

●**形態と生態：**体は基本的には紡錘形だが、生息環境によって違いが見られる。例えば、琵琶湖やその流入河川に生息するタモロコでは極端に丸みを帯びるが、三方湖など湖に生息するものではホンモロコのように細身で受け口になる。河川中流から下流域、湖沼やため池、農業用水路や水田脇の細流など、さまざまな環境で見られる。産卵期は4～7月で、水辺に生える木の根や水草に卵を産みつける。

コイ目　コイ科　バルブス亜科　タモロコ属　|　**全長110mm**

ホンモロコ *Gnathopogon caerulescens* (Sauvage, 1883)

ホンモロコ　滋賀県琵琶湖産
素焼きにして醤油をつけて食べるととても美味い。その味の良さから琵琶湖から遠く離れた埼玉県で、休耕田を利用したホンモロコの養殖がさかんに行われている。

移殖分布
東京都（奥多摩湖）、山梨県（山中湖、河口湖）、長野県（諏訪湖）、岡山県（湯原湖）

原産地
滋賀県（琵琶湖）

●**形態と生態：**湖の沖合に生息するため、遊泳に適したスマートな体形をしている。口は受け口で、口ひげは短い。普段は5m以深に群れ、主にプランクトン動物を食っている。琵琶湖固有種だが、食用として各地の湖やダム湖などに移殖されている。産卵期の琵琶湖は、かつては多くの釣り人でにぎわったが、最近では釣りはおろか、えり漁でもほとんど捕れないほど激減している。

コイ目　コイ科　カマツカ亜科　ゼゼラ属　｜　全長65mm

ゼゼラ *Biwia zezera* (Ishikawa, 1895)

ゼゼラ　滋賀県琵琶湖産
ミトコンドリアDNAの研究により、九州北西部の個体群は、アユの放流種苗に混入した琵琶湖産ゼゼラによって遺伝子汚染を受けていることが示された。

移殖分布
関東地方、新潟県、九州北西部

原産地
濃尾平野、滋賀県（琵琶湖・淀川水系）、山陽地方、九州北西部

●**形態と生態：**体型はカマツカやツチフキに似るが、吻がもっと短く丸い。そのため眼が頭部に対して大きい印象を受ける。口は下方に向き、口ひげはない。体側には側線に沿って暗色斑が並ぶ。河川中流から下流域、湖沼に生息し、特に流れのゆるやかな砂底域を好む。産卵期は4～7月で、岸近くのヨシの根元に卵を産みつける。その後、卵はオスによって保護される。

コイ目　コイ科　カマツカ亜科　カマツカ属　｜　全長170mm

カマツカ *Pseudogobio esocinus esocinus* (Temminck et Schlegel, 1846)

カマツカ　岐阜県産
カマツカは底生生物を好んで食い、口を砂に突っ込んで餌をあさる姿をよく目にする。その際、餌を砂ごと口に吸い込み、砂だけを鰓孔から吐き出して選り分ける。幼魚は藻類も食う。

移殖分布
青森県、静岡県（中部以東）、兵庫県（円山川）

原産地
岩手県、山形県以南の本州、四国、九州、壱岐、朝鮮半島、中国北部

●**形態と生態：**体色は明るい茶色で、側線と背中線に沿って暗色斑が並ぶほか、暗色点が全身に散在する。よく伸びる口が吻の下面にあり、口角上縁にはやや長い1対のひげがある。主に河川中流や湖の岸近くの砂底域に生息し、大きな胸鰭を広げて水底にへばりつくようにして生活する。また砂中にもよく潜る。この時はほとんどその場から逃げないため、簡単に手づかみできる。

コイ目　コイ科　カマツカ亜科　ツチフキ属　｜　全長80mm

ツチフキ *Abbottina rivularis* (Basilewsky, 1855)

ツチフキ　埼玉県羽生市産
関東地方では以前は普通に見られるほど数が多かったようだが、最近は稀に採集される程度で、個体数はそれほど多くない。産卵に適した環境が減っているのが原因だろうか。

移殖分布
宮城県、新潟県、関東平野、滋賀県（琵琶湖）

原産地
濃尾平野、近畿地方、山陽地方（岡山県、広島県）、九州北西部（福岡県筑後川、矢部川）、朝鮮半島、中国東部

●**形態と生態：**体がずんぐりしていて、カマツカに比べ吻が短い。背鰭外縁は円みを帯び、特にオスの背鰭は大きく、うちわのようになる。眼から吻端にかけては黒色帯がある。河川中流から下流域、農業用水路などの泥底域に生息し、主に泥の中のイトミミズや付着藻類などを好んで食う。産卵期は4～5月で、砂泥底の浅所に作られた産卵床に卵を産む。卵はオスによって守られる。

コラム column 採集秘話

魚を撮影するカメラマンにとって、撮影の技術はいちばんに必要とされますが、魚の中でも淡水魚を撮影するカメラマンにはもう一つ要求される技術があります。それは水槽写真や標本写真に使用する魚の採集技術です。特に標本写真の場合、いつどこで採集された標本かというデータはとても重要で、これがないものは資料としての価値が下がってしまいます。そのため魚の入手方法は、どうしても自分自身による採集が多くなります。

魚の採集で最も気を使うのは、できるだけ魚体に傷をつけないということです。例えば水槽写真に使用する魚の場合、水槽での飼育が前提になります。きれいな写真を撮るためにはきれいな魚を飼育しなければならないのですが、採集時に必要以上に傷つけてしまうと、病気にかかってしまうことがあります。これではせっかくのモデルも台無しですから、採集後の輸送も含めて魚をできるだけ大事に扱わなければなりません。

また標本写真の場合、特に大型の種類は採集直後に標本にして撮影を行います。大型魚は釣りによる捕獲が主流ですが、このような魚は輸送や飼育が困難なため、いったん傷つけてしまうと、しばらく飼育して傷が回復してから撮影というわけにはいきません。そこで針にかかった直後から、いかに傷をつけずに釣り上げるかの技術が試されるわけです。魚体が大きければ大きいほど力が強く持久力もあるので、できるだけ時間をかけて魚が疲れてから取り込みたい。でも時間をかけるということは、それだけ魚が暴れて釣り糸で傷ついたり、針から外れて取り逃がしてしまうといったリスクにつながります。そのため、今まさに釣り糸の先に掛かっている魚の状態を観察しながら、冷静にやりとりをしなければならないのですが、これがなかなか難しい。本当はもっとその瞬間を楽しみたいのですが、いまだに魚が網に収まるまではハラハラしています。

コイ目　コイ科　カマツカ亜科　ニゴイ属　｜ **全長140mm**

ズナガニゴイ *Hemibarbus longirostris*（Regan, 1908）

ズナガニゴイ　岡山県産
ズナガニゴイは国内では近畿地方以西の本州に分布し、国外では朝鮮半島や中国にも分布している。しかし間の九州地方には分布しない。また琵琶湖では、数ある流入河川の中でも野洲川だけに生息している。

移殖分布
山陰地方、静岡県（安倍川、藁科川）

原産地
近畿地方以西の本州、朝鮮半島、中国（遼河）

●**形態と生態：**ニゴイに似るが、全身に黒点が散在している点が異なる。また、成長しても20cm程度と、ニゴイよりはるかに小さい。河川中流から下流域に生息し、水中で観察していると、水底付近を数匹で泳ぐ姿がよく見られる。ときに砂に潜ることもあるという。メスの臀鰭はオスよりもはるかに長くなり、産卵時にはこの臀鰭で川底の砂をかき混ぜながら砂中に卵をばら撒く。

コイ目　コイ科　カマツカ亜科　ニゴイ属　｜ **全長400mm**

ニゴイ *Hemibarbus barbus*（Temminck et Schlegel, 1846）

ニゴイ　茨城県産
ニゴイの和名はコイに似ることからついたとされるが、顔つきや体形、背鰭の形状などはかなり違う。よく似たところをあげるとすればヒゲが立派なことだろうか。ただしコイと違って1対2本しかない。

移殖分布
静岡県

原産地
中部地方以北の本州、山口県、九州（筑後川水系）

●**形態と生態：**体形はスマートで、吻が長く先端はとがる。口には2本のヒゲがあり、下唇の皮弁があまり発達しない。ニゴイ特有の顔つきは幼魚のころから顕著。主に河川中流から下流域、湖沼などに生息する。雑食性で水生昆虫や付着藻類のほか、小魚なども食う。産卵期は4～6月で、このころになると霞ヶ浦や北浦の流入河川では、群れて泳ぐ姿をよく見かける。

コイ目　コイ科　カマツカ亜科　スゴモロコ属　｜ 全長65mm

イトモロコ *Squalidus gracilis gracilis* (Temminck et Schlegel, 1846)

イトモロコ　岡山県産
西日本の河川中流域ではよく見かける魚である。淵や岸よりの流れのゆるやかな場所には特に多い。また、ごく稀にため池などの止水域で採集されることもある。

移殖分布
神奈川県（相模川）、静岡県

原産地
濃尾平野以西の本州、四国北東部、九州北部、壱岐、福江島

●形態と生態：側線鱗がほかの鱗に比べ幅広で、側線上下に暗色斑が対をなして並ぶため、全体としては体側に薄い縦条があるように見える。また、背部には暗色斑が散在する。口ひげは瞳孔径よりも長いため、口ひげの短いデメモロコとは識別できる。背がわずかに盛り上がり、同属他種に比べて体高が高い。河川中流域から下流域、湖沼に生息し、底付近で数匹の小さな群れになって泳いでいることが多い。

コイ目　コイ科　カマツカ亜科　スゴモロコ属　｜ 全長110mm

スゴモロコ *Squalidus chankaensis biwae* (Jordan et Snyder, 1900)

スゴモロコ　茨城県利根川産
スゴモロコは琵琶湖固有亜種で、止水域に適応した種と考えられているが、関東地方では湖沼よりも利根川下流の流水域に特に多い。生息環境に対する適応性は幅広いようである。琵琶湖産アユ種苗に混じり各地に導入されているが、定着の実態は不明。

移殖分布
関東平野、静岡県、高知県

原産地
滋賀県（琵琶湖）

●形態と生態：体は細く、背部に暗色斑が散在する。眼は大きく、瞳孔径よりも長い口ひげが1対2本ある。移殖地である関東平野では、利根川や隣接する河跡湖に生息しており、ミミズを餌にするとよく釣れる。水底近くを泳いでいるため、モツゴやタナゴ亜科などとともにかかることが多い。琵琶湖では水深10m前後に多いとされるが、関東地方の生息地では水深1m程度の岸寄りに多い。

コイ目　ドジョウ科　シマドジョウ亜科　ドジョウ属　｜ 全長110mm

ドジョウ *Misgurnus anguillicaudatus* (Cantor, 1842)

ドジョウ　千葉県産
日本のドジョウは、遺伝的研究により複数の亜種に細分できることがわかっている。また、中国や韓国から食用として輸入されているので、在来種の導入以外に、外国産のドジョウが野外に逸出し、定着している可能性がある。

移殖分布 実態は不明。

原産地 琉球列島を含む日本全国、サハリン、アムール川以南、中国、北ベトナム、海南島、台湾、朝鮮半島、イラワジ川

●**形態と生態：**体は細長く、側線付近より背側は茶色で不明瞭な暗色斑が散在する。口ひげは10本ある。主に水田や周辺の水路に生息し、特に泥底域を好む。底が軟泥に覆われた環境であれば、水深が5cmに満たない水溜りのような場所にも生息し、口から吸った空気を腸で呼吸することができる。産卵期は5～6月ごろで、一尾のメスに複数のオスが巻きついて産卵が行われる。

コラム column 撮影秘話

図鑑に掲載する写真は、大きくは標本写真と生態写真の2つに分けられます。さらに生態写真は、水槽写真と野外で撮影したフィールド写真に分けることができます。これらの写真にはそれぞれ異なった役割があり、どれも図鑑を作るうえで重要です。しかし重要という点で同じであっても、撮影のおもしろさではフィールド写真がいちばんです。撮りたい写真をイメージして、被写体となる魚の生息環境や生態を調べ、撮影が成功する確率を高めても、思い通りに行くことなどほとんどありません。仕事として考えた場合、最も効率が悪い撮影です。

フィールド写真の難しい点といえば、なんといっても天候に左右されるということでしょう。淡水魚の撮影に訪れる川の多くは、雨が降ると濁りが入ってとても撮影どころではなくなります。特に夏の午後の山間部は雷を伴った豪雨になることも多く、このようなときには急激に増水して非常に危険な状態になります。あまりにすごい増水の後は数日川に入れないこともあり、仕方なく遊んで過ごすこともあります。

また増水が引き金になって産卵する魚の場合、今度はひたすら雨が降る日を待ちます。そのような魚の代表にハクレンがいますが、産卵日を予測するのはとても難しいものです。ハクレンの産卵場の増水には、その地点よりも上流の大雨が欠かせません。そのため、利根川上流部の群馬県に夜間「大雨洪水警報」が出ると、翌朝、撮影に出かけるわけです。しかし、現場に到着してみるとたいして水量が増していないため、ジャンプの気配すらないことも何度あったかわかりません。

それぞれ状況は違いますが、ほかの魚でも数多くの失敗の中に撮影のチャンスがありました。とにかく足を運ばなければ撮影できないのがフィールド写真ですが、今までこの仕事を続けてきた理由は、なんといっても川に行くことが楽しいからです。

コイ目　ドジョウ科　シマドジョウ亜科　シマドジョウ属　｜ **全長80mm**

シマドジョウ *Cobitis biwae* Jordan et Snyder, 1901

シマドジョウ　滋賀県産
河川本流から水田地帯を流れる細流まで見られるが、いずれも水が流れている場所で、川底がきれいな砂地を好む。カマツカとともに見られることが多い。西日本のものは12cm程度にまで成長するが、東日本や四国の太平洋側のものは小さく8cmくらいにしかならない。

移殖分布
栃木県（中禅寺湖）、静岡県（東部）

原産地
本州、四国、大分県

●**形態と生態：**シマドジョウ属にはよく似た種が多いが、本種は胸鰭の骨質板が嘴状にとがり、細長いことで識別できる。日本のシマドジョウは、越後山脈から関東山地を境にして東西に大きく2つのグループに分けられる。また四国の太平洋側には東日本のグループに近い地域集団がいる。河川中流や細流の砂底域に生息し、淵などの流れがゆるやかな場所を好む。

コイ目　ドジョウ科　シマドジョウ亜科　シマドジョウ属　｜ **全長90mm**

スジシマドジョウ大型種 *Cobitis* sp. 1.

スジシマドジョウ大型種
滋賀県琵琶湖産
“スジシマドジョウ”には3種4亜種が含まれ、互いによく似ているが、大型種は体側の縦条が季節に関係なく完全で、尾鰭後縁の黒色横帯が小型種琵琶湖型に比べ広いなどの特徴がある。

移殖分布
山梨県（笛吹川）、東京都（奥多摩湖）

原産地
滋賀県（琵琶湖）

●**形態と生態：**琵琶湖固有種で、スジシマドジョウの中では最も大きくなる。現在、琵琶湖では激減しており、産卵のために流入河川に溯上した個体がわずかに見られる。主な生息域は湖内の水深1～3mの砂底とされるが、移殖地の山梨県の河川では、中流域のツルヨシが生える岸よりの礫底や砂底で見られる。琵琶湖には模様のよく似たスジシマドジョウ小型種が生息している。

コイ目　ドジョウ科　フクドジョウ亜科　フクドジョウ属　|　全長120mm

フクドジョウ *Noemacheilus barbatulus toni* (Dybowski, 1869)

フクドジョウ　北海道産
ドジョウ科魚類全般にいえることだが、底質には非常にこだわる。以前はフクドジョウが豊富に見られた水域でも、水量が減るなどして泥が堆積したりすると、その場所からはあっという間に姿を消す。

移殖分布
北海道の石狩低地より西南部の地方、宮崎県、福島県

原産地
北海道、シベリア、中国東北部、朝鮮半島、サハリン

●**形態と生態：**頭部はやや縦扁し、口ひげは口角の1対が太くてしっかりしている。胸鰭はオスのほうがメスよりも大きく、骨質板はない。主に川の流れのある瀬に多く見られ、礫底域に好んで生息する。北海道はフクドジョウの自然分布域だが、道内の本来生息していなかった水域に定着している場所が複数ある。福島県への導入経路は、サケ・マス種苗への混入が示唆されている。

コイ目　ドジョウ科　フクドジョウ亜科　ホトケドジョウ属　|　全長60mm

エゾホトケドジョウ *Lefua nikkonis* (Jordan et Fowler, 1903)

エゾホトケドジョウ　北海道産
日本固有種で、北海道だけに分布する。しかし、生息環境が年々悪化しているため減少しており、環境省版レッドリストでは絶滅危惧IB類に指定されている。

移殖分布
青森県

原産地
北海道

●**形態と生態：**北海道に分布するホトケドジョウ属の1種。オスの体側には黒色縦条があるが、メスにはこれがないため雌雄の識別は容易。また、雌雄ともに尾鰭の基底中央に黒色斑があり、これを欠く本州や四国に生息するホトケドジョウやナガレホトケドジョウと識別できる。湿地帯をゆるやかに流れる細流や池沼などに生息し、同所的にヤチウグイが見られることも多い。主に小型の水生生物を食う。

ナマズ目　ギギ科　ギバチ属　｜　全長250mm

ギギ *Pseudobagrus nudiceps* Sauvage, 1883

ギギ　岡山県産
ギギの胸鰭と背鰭には太い棘があり、魚体をつかむと胸鰭の棘の付け根から「ギィギィ」という音を出す。また、胸鰭や背鰭の棘を直立させて固定し、外敵から身を守る。

移殖分布
秋田県、新潟県、福井県、山梨県、愛知県、岐阜県、三重県、熊本県

原産地
近畿地方以西の本州、四国、九州北東部

●**形態と生態：**体はやや細長く、上顎に2対、下顎に2対のヒゲがある。尾鰭後縁は深く切れ込む。主に河川中流域や湖沼に生息する。原産地の一つ、琵琶湖では個体数が減少しているようで、最近はエリにかかることも少ない。しかし移殖地の本栖湖では、水中に沈む土管やパイプの中に潜む姿をよく見かける。夜行性で、暗くなると餌を探して泳ぎ回る。小魚や小型甲殻類、底生動物などを食う。

ナマズ目　ナマズ科　ナマズ属　｜　全長500mm

ナマズ *Silurus asotus* Linnaeus, 1758

ナマズ　静岡県
今では全国に分布するが、遺跡から発掘されるナマズの骨の時代が、愛知県以東では江戸時代以降に限られる。そのため、自然分布は滋賀県より西の本州、四国、九州だと考えられている。

移殖分布
北海道、東北地方、関東地方

原産地
近畿地方以西の本州、四国、九州、中国東部、朝鮮半島西岸、台湾

●**形態と生態：**その形態は特徴的で、大きな頭に大きな口と長いヒゲ、ぬるぬるした細長い姿は多くの人がイメージできるほどである。河川中流域～下流、湖沼に生息し、底質には特にこだわらず泥底や礫底域などいろいろな環境で見られる。夜行性で夜間には活発に動き回り、ときには背が出るような浅瀬でも餌となる小魚を積極的に追いかける。産卵期は5～6月。

ナマズ目　アカザ科　アカザ属　｜　**全長90mm**

アカザ *Liobagrus reinii* Hilgendorf, 1878

アカザ　岐阜県産
アカザは水のきれいな川のシンボルともいえる魚で、水が勢いよく流れ川底が礫で覆われているような環境に多く見られる。水が淀んでいたり、土砂が川底を覆ってしまうと姿を消してしまう。

移殖分布
岩手県

原産地
宮城県・秋田県以南の本州、四国、九州

●**形態と生態：**河川上流〜中流に生息するアカザ科の日本固有種。体色は赤褐色で特徴的。頭部が縦扁し、背面から見ると鰓蓋が左右に張り出す。背鰭および胸鰭にある棘は頑丈で、刺されると痛い。夜行性のため昼間は瀬にある石の下などに潜んでいるが、夜間は活発に泳ぎまわり、餌となる小型の水生生物を探す姿を観察できる。産卵期は5～6月で、卵はオスによって守られる。

サケ目　キュウリウオ科　ワカサギ属　｜　**全長110mm**

ワカサギ *Hypomesus nipponensis* McAllister, 1963

ワカサギ　茨城県産
ワカサギは釣魚としての人気が高く、冬になると多くの釣り人が山上湖に集まる。特に湖面が完全に結氷する湖では、氷に穴を開けて釣る穴釣りが行われるが、最近はなかなか氷が張らず、穴釣りができる湖が減っている。

移殖分布
九州以北の全国の湖、ダム湖などに移殖

原産地
北海道、東京都・島根県以北の本州

●**形態と生態：**体は透明感がある銀白色で、体側には銀青色の不明瞭な縦条がある。キュウリウオ科の魚だけあって、新鮮なワカサギではキュウリのような特有のにおいがする。本来は沿岸域や河川下流部、それにつながる湖沼に生息するが、容易に陸封されるため、現在では各地の山上湖やダム湖に移殖されている。湖の沖合いを群れで回遊し、主にプランクトン動物を食う。

サケ目　アユ科　アユ属　｜　全長200mm

アユ *Plecoglossus altivelis altivelis* (Temminck et Schlegel, 1846)

アユ　山梨県本栖湖
琵琶湖産アユは、河川産アユに比べて産卵期が早く、両者間の交雑が起こらず、また孵化仔魚は水温が高い海水中では生残率が低いため、河川では定着できないとされる。しかし、本栖湖などの湖では定着しており、夏には群れになって泳ぐ姿を見かける。

移殖分布
1913年に多摩川、1918年に河口湖に移殖して以来、琵琶湖産アユを全国に移殖。

原産地 北海道西部、本州、四国、九州、朝鮮半島～ベトナム北部、台湾

●**形態と生態：**体側前部に大きな黄色い斑紋があり、よく目立つ。大型個体では背鰭が帆のように大きくなり、臀鰭は黄色く縁取られる。付着藻類を食い、特に藻類がよく生えた石の周りにはなわばりをもつ。産卵期は地域によって異なるが、分布域の北では8月下旬から始まり、南では12月頃となる。孵化した稚魚はいったん海へ降り、翌春に湖上を開始するまで沿岸域で過ごす。

サケ目　アユ科　アユ属　｜　全長150mm

リュウキュウアユ *Plecoglossus altivelis ryukyuensis* Nishida, 1988

リュウキュウアユ
沖縄県沖縄島源河川
リュウキュウアユは奄美大島と沖縄島に分布するアユの亜種である。沖縄島の個体群は絶滅したが、1992年に奄美大島産の種苗が、沖縄島北部の河川とダム湖に放流され定着している。

移殖分布
沖縄県（沖縄島）

原産地
鹿児島県（奄美大島）、沖縄島

●**形態と生態：**アユに酷似するが、鱗が大きく、胸鰭軟条数がアユでは14であるのに対し、リュウキュウアユでは12と少ない。生態はアユに似て付着藻類を食い、なわばりをもつが、アユに比べて不安定で、1か所に執着しない。奄美大島と沖縄島に分布し、河川に溯上してからは水のきれいな中流域で過ごす。産卵期はアユに比べて遅く、11月下旬から翌年の3月上旬まで行われる。

サケ目　サケ科　サケ亜科　イワナ属　｜　全長300mm

イワナ *Salvelinus leucomaenis* Pallas, 1814

亜種ニッコウイワナ　栃木県中禅寺湖流入河川
Salvelinus leucomaenis pluvius
魚がまったく生息しなかった中禅寺湖にはじめて移殖されたのがイワナである。1873（明治6）年に日光周辺のイワナが放流された。現在も流入河川では時折見かけるが、個体数は少ない。イワナは1970年代に種苗生産技術が確立し、各地に放流され、在来種の分布域が不明になると同時に遺伝子汚染が進行している。

移殖分布 北海道、本州、四国、九州の各地に放流

原産地 北海道、本州、ナバリン岬からカムチャツカ半島を経て朝鮮半島北東岸、サハリン、千島列島

亜種アメマス　北海道
Salvelinus leucomaenis leucomaenis
本州山岳地帯に生息するイワナは、一般的に警戒心が強く、人の姿を見るとすぐに岩の下などに隠れる。しかし、北海道のアメマスはあまり人を恐れないようで、カメラの前をのんびりと泳いでいた。

●**形態と生態**：日本産のイワナは分布域が広く、体側に散在する白点の大きさや密度、朱点の有無などが地域によって異なり、アメマス、ニッコウイワナ、ヤマトイワナ、ゴギの4亜種に分けられる。高水温に弱いため、本州では主に山岳渓流に生息するが、東北地方や北海道など水温が低い河川では、海からすぐの場所にも姿が見られる。また、アメマスでは海に降りるものも多い。主に水生昆虫や水面に落下した陸生昆虫を食うが、大型個体は魚も食う。産卵期は地域により異なるが、9～11月。

サケ目　サケ科　サケ亜科　サケ属　｜ 全長800mm

サケ *Oncorhynchus keta* (Walbaum,1792)

サケ　北海道
河川に溯上してきたサケ。小さな滝が障害となり、滝つぼにとどまっている。水面上ではこの滝を越えようと必死にジャンプする姿が見られた。いちばん手前にいるのはオスで、するどい顔つきだ。日本のサケは、ほとんどが人工孵化放流された種苗が成長し、河川に回帰したものである。

移殖分布
千葉県（栗山川）、東京都（多摩川）ほか本州、北海道の各地

原産地 北海道、本州（利根川以北の太平洋側、九州北部以北の日本海側）の河川に溯上。朝鮮半島から日本海、オホーツク海、ベーリング海を経てカリフォルニアまで。

●**形態と生態：**海中で生活している期間は、スモルト化しているため全身銀白色となっているが、産卵期を迎え河川に溯上すると、雌雄ともにブナケと呼ばれる婚姻色が現れる。また、このころにはオスの頭部に変化が現れ、吻端がかぎ状になり、鋭い歯がむき出しになる。一生のほとんどを海で過ごし、回遊範囲はベーリング海まで及ぶ。多くのサケは3年半を海で過した後、生まれた河川に戻って産卵を行う。メスが川底から湧水が湧く場所を探し、産卵床を掘り始める。その間、オスは他のオスが侵入するのを防ぐが、産卵が始まるとメスを獲得できなかったオスも参加することが多い。

サケの幼魚　千歳サケのふるさと館
産卵床から這い出て泳ぎ始めたサケの幼魚は、雪解け水で増水した川を下る。たくさんの幼魚が海を目指すが、数年後、再び川へと戻って来られるのはほんのわずかだ。

産卵の瞬間　北海道
サケのメスは産卵床を作り上げると、臀鰭を何度も差込み産卵床の深さを確認する。やがてメスが大きく口を開けるとそれが産卵の合図となり、一斉に放卵・放精が行われる。

サケ目　サケ科　サケ亜科　サケ属　｜ 全長500mm

サクラマス（ヤマメ） *Oncorhynchus masou masou* (Brevoort, 1856)

サクラマス　北海道
泥炭地特有の茶色い水の中を泳ぐサクラマス。海で豊富な餌を食べて育ったサクラマスは、河川だけで育ち成熟した"ヤマメ"とは比較にならないほど大きい。本州では"ヤマメ"が多いが、北海道では多くが海に降りる。

移殖分布
各地に釣魚として放流されており、実態は不明

原産地
北海道、本州（神奈川県以北の太平洋岸、山口県以北の日本海岸）、九州、カムチャツカ半島から朝鮮半島東部、サハリン

"ヤマメ"　北海道
側線付近が鮮やかなピンクに染まる。釣魚としての人気が高く全国に放流されているが、"アマゴ"の分布域に放流されていることも多い。屋久島にも放流され定着している。

●**形態と生態：**サクラマスは、海中生活の期間は体が銀白色をしており、再び河川に遡上すると体側にピンクの雲状斑が婚姻色として現れる。およそ1年間の海洋生活によって急速に成長し、全長は50cm前後になる。産卵期は北海道で9～10月ごろで、体の大きなペアとともに産卵に参加する小さなオスが知られる。河川で一生を過ごす個体や個体群は、小さなサイズで成熟し、"ヤマメ"と呼ばれ、体側に青緑色のパーマークが並ぶ。本州では河川上流域に生息し、もっぱら水生昆虫などを食う。特に日没前後の暗くなる時間帯には、羽化したカゲロウを水面で積極的に食う姿が観察できる。

サケ目　サケ科　サケ亜科　サケ属　｜ 全長400mm

サツキマス（アマゴ） *Oncorhynchus masou ishikawae* Jordan et McGregor, 1925

サツキマス　広島県
河川に溯上してきたオスのサツキマス。婚姻色が現れているが、体側に本種の特徴である朱点を確認できる。海中生活期間が短いためか、サクラマスに比べて小さい。

移殖分布
各地に釣魚として放流されているが、実態は不明

原産地
伊豆半島以西の本州太平洋岸、四国、九州瀬戸内側

“アマゴ”　三重県
上流の澄んだ流れを泳ぐ。釣魚として放流が行われているため、西日本の渓流では目にする機会も多いが、自然繁殖した美しい個体が生息する河川は少ない。

●**形態と生態：**亜種のサクラマスに似るが、朱点が体側に散在する点が異なる。また、両亜種の分布域の境界である伊豆半島北東部の河川には、わずかに朱点が認められる中間的な個体群が存在する。河川で一生を過ごす個体や個体群は“アマゴ”と呼ばれ、上流域に生息し、水生昆虫などを好んで食う。11～3月ごろ、“アマゴ”の一部に体が銀白色になる個体が現れ、海に降りる。海中生活期間は短く、4～5月にはすでに溯上を開始する。また、中には銀白色になるが、海には降りず下流域で過ごした後、再び溯上を開始するものもいる。産卵期は10～11月。

サケ目　サケ科　サケ亜科　サケ属　｜　全長400mm

ビワマス *Oncorhynchus masou* subsp.

中禅寺湖産ビワマス　栃木県中禅寺湖流入河川
産卵期に河川に遡上してきたオスの成魚。婚姻色が現れ、美しい。標高が高い中禅寺湖では、琵琶湖よりも1か月ほど早い9月下旬から10月上旬に産卵のピークを迎える。

移殖分布
栃木県（中禅寺湖）、長野県（木崎湖）

原産地
滋賀県（琵琶湖）

中禅寺湖産ビワマスの産卵　栃木県中禅寺湖流入河川
産卵の瞬間。後方には婚姻色で腹側が黒くなった体の小さなスニーカーの姿も確認できる。

中禅寺湖産ビワマスの若魚　栃木県中禅寺湖流入河川
体側後部にはわずかに朱点が見られる。中禅寺湖産ビワマスの若魚にはこのようなタイプが最も多い。

●形態と生態：琵琶湖に分布する固有亜種。成魚はふだん琵琶湖で生活し、産卵期には流入河川に遡上して産卵を行う。幼魚の体側には朱点が散在するが、アマゴのそれよりも大きくてぼやけている。成魚ではこれらの朱点はなくなる。移殖地の一つ栃木県中禅寺湖では、釣り人たちの間でホンマスと呼ばれ、味がよく大きく成長することから釣魚としての人気も高い。ただし、中禅寺湖の個体群は過去に放流された別亜種のサクラマスと交雑しており、特に幼魚では体側に朱点が散在するビワマス型から朱点がないサクラマス型、どちらともいえない中間型まで見られる。

コラム column 複雑なサケ・マス類の生活史

サケ・マス類とは、サケ属やイワナ属、イトウ属、*Brachymystax*属、タイセイヨウサケ属などサケ科サケ亜科魚類の総称で、水産上きわめて重要な種を多く含む。食卓でおなじみのサケは、産卵のために故郷の川へ母川回帰することはよく知られている。河川で孵化したサケの仔魚は、1～2か月以内に海へ降り、栄養豊富な海で大きく成長した後、多くは4才前後で産卵のために再び河川に溯上してくるのである。このようにサケは海と河川を往復しているのだが、産卵のために河川を溯上することを溯河回遊、海での成長を生活史の中に組み込んでいる個体または個体群を降海型という。サケはすべての個体や個体群が海へ降る降海型である。

一方、降海型に対して、一生を河川で過ごすものがサケ・マス類の多くの種や亜種で知られている。生活史の違いや、海へ回遊しない理由によっていくつかの型に分類されている。例えば滝の上流部や孤立した湖沼のように海からの溯上が不可能な場所で一生を過ごす個体や個体群は陸封型と呼ばれている。陸封型には一生を湖沼内で過ごす湖沼型、湖沼を海の代わりにして河川と湖沼の間を回遊する降湖型、降湖できるにも関わらず一生を河川で過ごす陸封型の河川型に細分される。北海道の湖沼に生息するヒメマスはベニザケの湖沼型のことである。レイクトラウトはほとんどが湖沼型で、稀に降湖型を生じるという。琵琶湖の固有亜種ビワマスは降湖型である。

陸封型に対して、降海を妨げる物理的障壁がないにもかかわらず、一生を河川で過ごすものを河川型と言う。韓国に分布するコクチマス*Brachymystax lenok*はすべて河川型である。イトウは湖沼型や河川型で、稀に降海型を生じる。なお、海から溯上してきた個体あるいは個体群が繁殖し、その中の一部が河川に留まる場合を特に河川残留型と呼んで区別している。サクラマスは雄の稚魚の一部が降海せずに河川に留まり、小さい体で幼魚の斑紋（パーマーク）を残したまま成熟する。この雄は、産卵期に溯上してきた大きな降海型の雄がくり広げる雌を獲得するための競争には加わらない。大きな降海型のペアの産卵に忍び込んで受精させるスニーキングと呼ばれる行動により、自身の遺伝子を残そうとする。ヤマメとは、サクラマスに生じる河川型や、陸封型の河川型、河川残留型のように、小型で幼期の形態的特徴を残したまま成熟する個体や個体群のことである。

サケ・マス類が降海するかしないかは、生息場所の生産性が関係している。一般に、南方ほど海に比べて河川の生産性が高く、反対に北方ほど海の生産性が高い。このことから、北方では河川よりも海のほうが有効な餌が多く、川に残るよりも海で生活したほうが大きく成長でき、結果として多くの子孫を残せるので、川から海への回遊が進化したと説明されている。言い換えると、海と河川の生産力の差がなくなったり、あるいは河川の生産力が高くなる地方では、河川に留まる戦術が有利となる。ただし、サケ・マス類は冷水性のため、分布域の南方ほど下流部の高水温が障壁となり、降海せずに陸封される傾向が強くなることに留意する必要があるだろう。また、多様な生活史型を近年提出されている系統樹にあてはめてみると、サケ・マス類で最も原始的なコクチマスでは降海型が生じず、反対に新しいグループのサケやカラフトマスはすべて降海型、それらの中間に位置するイワナ属やサケ属の一部には多様な生活史型が生じる傾向があることがわかる。このことから、サケ・マス類は種分化するに従って海への依存を高める方向へ進化したと考えられている。

メダカ *Oryzias latipes*（Temminck et Schlegel, 1846）

メダカ（南日本集団）*Oryzias latipes latipes* 千葉県産
産卵期には水田に積極的に進入して繁殖するが、圃場整備によって繁殖場となる水田に入れなくなり、メダカが減少しているところが多い。また水路のコンクリート化が進み、農閑期である冬には水路を干上げるため、生息地そのものが減少している。

移殖分布 北海道。他に全国各地でその場所からかけ離れた地域の遺伝子を持つ個体が見つかっており、遺伝子汚染が進行している。

原産地 本州、四国、九州、琉球列島、朝鮮半島、中国中部および南部、台湾

メダカ（北日本集団）
***Oryzias latipes* subsp.**
新潟県産
体側に黒い網目状の模様が入る点が南日本集団と異なる。稲作が盛んな新潟県では水田はいたるところにあるが、圃場整備が進んでいるため、メダカの生息地は意外に少ない。

●形態と生態：日本人には最もなじみ深い小型の淡水魚。主に水田地帯の用水路などに生息し、水面を群れて泳ぐ姿が見られる。国内では、亜種レベルで異なる北日本集団と南日本集団が存在し、後者はさらに東日本型、琉球型など九つの地域型に分けられる。南日本集団と北日本集団は外見から識別することも可能だが、南日本集団内の型を外見から識別することは難しい。観賞用にヒメダカをはじめ、白、青、アルビノなど、さまざまな改良品種がある。【事例10：p.146】

遺伝子組み換えメダカ
クラゲの遺伝子を組み込んであるというメダカで、体は鮮やかな緑色をしている。遺伝子組み換え生物の野外への導入を防ぐため、現在は「遺伝子組み換え生物等の規制による生物の多様性の確保に関する法律（カルタヘナ法）」によって輸入が規制されている。

白メダカ
体は真っ白で眼が黒い。最近は観賞魚店で普通に販売されている。放逐された個体が野外で見つかることがある。

ヒメダカ
最も一般的に販売されているメダカの改良品種。野生のメダカよりも、むしろヒメダカのほうがなじみがある人も多いかもしれない。自然水域に放逐されることも多く、野外でもたびたび採集される。遺伝子汚染の原因となっている。

アルビノメダカ
ヒメダカに似るが、体はより透明感が強く眼が赤い。

事例 case 10 メダカ

1983年、日本のメダカは、遺伝的に大きく異なる2集団、すなわち北日本集団と南日本集団に大別されることがアロザイム分析によって明らかにされた。最近のミトコンドリアDNAを用いた分子系統学的研究によれば、前者は3系統、後者は12系統に細分されている。これら遺伝的に区別される系統は、例えば北日本集団であれば青森県から兵庫県までの日本海側に分布し、その中でも能登半島から越前海岸にかけての集団は別系統というように、それぞれが特定の地域に分布している。北日本集団と南日本集団のメダカは、400～470万年前に分化したと推定されており、分類学的には亜種レベルで違っているという。各系統についても50万年から230万年前に分化したと推定されており、最も最近の数値でもヒトの分化年代よりも古い。

メダカは、ヒメダカのような品種が観賞魚として販売されていたり、小学校5年生の教材として全国の小学校で使用されているため、遺棄や逸出が起こりやすい状況にある。また、国や地方自治体が絶滅危惧種に指定しているため、各地で保全団体や個人による放流が行われている。もし、在来メダカが生息する水域にヒメダカなど遺伝的に異なるメダカが導入されれば、容易に交雑して遺伝子汚染を引き起こす。関東地方には、東海地方から東北地方南部にかけての太平洋岸に特有な遺伝子型を持つメダカが分布しているが、利根川や荒川水系のメダカのほとんどの個体から瀬戸内海地方や九州北部にしか分布しないはずの遺伝子型が検出されている。同様な遺伝子型は神奈川県の酒匂川水系や三浦半島の河川などからも見つかっている。北日本集団のメダカが分布する新潟県で南日本集団のメダカの遺伝子型が見つかった事例もあり、全国的には相当遺伝子汚染が進行している可能性が高い。

メダカの各系統は、外見から区別することが困難であり、系統の正確な判別にはミトコンドリアDNAの塩基配列を決定する必要がある。公共機関で系統保存されているメダカはもちろん、地域の保全団体や個人によって放流されているメダカについても同様であり、一度はDNA分析を実施すべきである。なお、ヒメダカによって遺伝子汚染を受けた場合には、少数のヒメダカが生まれてくるので容易に判別できることがある。野外ではヒメダカは目立つため淘汰されやすいが、繁殖盛期には多数のメダカに混じって赤いヒメダカの幼魚を確認できる。

事例 11 カダヤシ

case

カダヤシは1916年、台湾から奈良県へ蚊の駆除を目的として導入されたのが最初である。このときの個体は滋賀県、和歌山県、三重県でも飼育されたという。沖縄県では1919年に台湾から石垣島へ、その後も各島へマラリア撲滅の目的で導入された。日本脳炎の被害が顕著だった徳島市では、1969年の導入以降、特定外来生物に指定される前年の2005年度まで放流が続けられ、その間、22府県47市町村へ譲渡された。

1974年に発表された関東平野におけるカダヤシとメダカの分布地図をみると、北関東の広い範囲でメダカが確認されている一方で、南関東ではカダヤシで占められていた。そして両種が同時に記録された地点はごくわずかであった。カダヤシによるメダカの駆逐が都心部から郊外に向かって進行しつつあるように見えるが、カダヤシが記録された地点にメダカが分布していたかどうかはわからない。一方、沖縄島（沖縄県名護市）の我部祖河川では、メダカがカダヤシによって駆逐されていく様子が明らかにされている。1970年9月には流域全体にメダカだけが分布していたが、1975年4月の調査ではカダヤシの生息が所々で確認された。そして、翌1976年8月には、本流の上流域など一部を除いてほとんどがカダヤシに置き換わってしまったのだ。また、同時期の羽地大川での調査では、下流域がカダヤシに置き換わる一方で、上流域にはカダヤシが侵入せず、メダカで占められたままであった。メダカの生息地にカダヤシが導入されると、比較的短期間でメダカを駆逐するが、その傾向は特に止水域や緩流域で著しいことがこの調査からわかる。メダカは流れがある中流域にも生息できるが、カダヤシは止水域を好むためである。

カダヤシがメダカを駆逐するメカニズムは、メダカの仔稚魚に対する直接の捕食と、成魚への攻撃による繁殖効率や生残率の低下といった相乗効果によるものと考えられている。カダヤシはぼうふらや落下昆虫といった水表面の動物を好んで食べる肉食性の魚である。そのため、水面近くを遊泳するメダカの仔稚魚は格好の餌になる。また、カダヤシとメダカの混生域では、尾鰭に傷のあるメダカの割合が著しく高くなるという。このことから、混生域のカダヤシはメダカに対して攻撃性が強く、鰭に傷を負ったメダカの繁殖効率や生残率は、正常な個体に比べて低下するとみるのが合理的である。カダヤシは温暖な気候下の止水域では爆発的に繁殖する。沖縄島ではひと網で重みを感じるほどのカダヤシを採集できる小河川があるが、こうした場所では水生昆虫の幼生など、餌となる水生動物全体に非常に大きな影響を与えていることは疑いない。ただし、カダヤシの防除については、ほとんど進んでいないのが現状である。

トゲウオ目　トゲウオ科　イトヨ属　｜ 全長50mm

“ハリヨ” *Gasterosteus* spp. or sspp.

“ハリヨ” 岐阜県
周年、水温が15℃前後に安定した、湧水が豊富な河川に生息する。しかし、近年は水質の汚染や湧水の枯渇、生息地の埋め立てにより減少している。

移殖分布
岐阜県（滋賀県産の個体の移殖）、兵庫県

原産地
滋賀県、岐阜県、三重県（絶滅）

●**形態と生態：**近江地方と美濃地方の集団は、別亜種もしくは別種になることが遺伝子の研究からわかっている。いずれも背鰭棘が3本で、鱗板が体側前半に限られることが特徴。主に小型の水生生物を好んで食う。産卵期にはオスが水草の切れ端などを集めて巣を作り、そこにメスを呼び込んで産卵が行われる。この時期のオスは、全身が青みがかるほか、頭部下面が鮮やかな赤に染まる。

スズキ目　スズキ亜目　ケツギョ科　オヤニラミ属　｜ 全長110mm

オヤニラミ *Coreoperca kawamebari*（Temminck et Schlegel, 1843）

卵を守るオヤニラミ 広島県
産卵期は5～7月ごろで、ツルヨシの茎などにオスがなわばりをもち、そこに卵を産み付ける。産卵後もオスが卵を守り、孵化するまで胸鰭で新鮮な水を送るなどして面倒を見る。近年、淡水魚マニアの放逐と見られるオヤニラミが各地で見つかっている。

移殖分布
東京都、愛知県、滋賀県

原産地
保津川、由良川以西の本州、四国北部、九州北部、朝鮮半島南部

●**形態と生態：**体は側扁し、体側には6～7本の横帯が入る。また、鰓蓋後端の眼状斑はよく目立つ。河川中流域に生息し、特に岸辺に抽水植物が生え、水中にこれらの根が繁茂しているようなところに多く見られる。このような場所では流れが緩やかになり、餌となる小魚も多い。オヤニラミは好奇心が強く、水中に伸びた根の間からこちらを観察していることがよくある。

スズキ目　ハゼ亜目　ドンコ科　ドンコ属　｜　全長120mm

ドンコ *Odontobutis obscura*（Temminck et Schlegel, 1845）

ドンコ　神奈川県道保川産
道保川では1998年に初めて確認され、現在では普通に見られるほど数が増えている。また、近年、道保川の本流の相模川でも確認されており、ミトコンドリアDNAの研究により、中国および四国地方西部からの導入とみられている。

移殖分布
茨城県、神奈川県

原産地
愛知県、新潟県以西の本州、四国、九州

●**形態と生態：**体はずんぐりとしていて頭部が大きい。色彩は生息地の川底の色に似るため、明るい茶色から黒に近いこげ茶色まで見られ、体の背側に3つの大きな暗色斑がある。河川中流域や細流に生息し、豊富に生えた水草の根元や礫の隙間など、流れが緩やかになり身を隠せるような場所を好む。昼間はこのような場所に隠れているが、夜間には餌を求めて活動し、小魚や甲殻類などを食う。

スズキ目　ハゼ亜目　ハゼ科　ヨシノボリ属　｜　全長50mm

トウヨシノボリ *Rhinogobius* sp. OR

トウヨシノボリ　滋賀県産
ほぼ全国に分布するが、本来生息していなかった湖沼などから見つかることがあり、他魚種に混入して導入されたものがかなりあると思われる。

移殖分布
実態は不明

原産地
北海道、本州、四国、九州、朝鮮半島

●**形態と生態：**ふつう尾鰭の基部に鮮やかな橙色の斑紋をもつが、分布域が広く、地域によっては橙色斑をもたないものもいる。主に湖沼に生息するが、それに流入する河川にも多い。琵琶湖では湧水が豊富な非常に流れの速い水路にも生息している。産卵は半分川底に埋もれた石などの下にオスが巣穴を掘り、その石の下面に卵を産みつける。卵はオスが孵化まで守る。

スズキ目　ハゼ亜目　ハゼ科　チチブ属　｜　全長80mm

ヌマチチブ *Tridentiger brevispinis* Katsuyama, Arai et Nakamura, 1972

ヌマチチブ　静岡県
ミトコンドリアDNAの研究から、本種の分布拡大にはオオクチバスの密放流が関連している可能性があるという。体は小さいがとても大胆な魚で、礫の隙間からオオクチバスの産卵床に入り込んで卵を食うこともある。

移殖分布
東京都（奥多摩湖）、神奈川県（芦ノ湖）、山梨県（富士五湖）、愛知県（鳳来湖）、滋賀県（琵琶湖）

原産地
北海道、本州、四国、九州、朝鮮半島、中国

●**形態と生態：**体はずんぐりしていて、鰓蓋に散在する水色の斑点が目立つ。よく似た種にチチブがいるが、こちらは鰓蓋の斑点がより密に入る点で異なる。体色はこげ茶色で、産卵期のオスでは黒くなり、第1背鰭の軟条が伸長する。河川中流から下流、湖沼などに生息し、特に流れが緩やかな礫底域に多く見られる。ミミズを用いてタナを底にとると簡単に釣れ、ダボハゼと呼ばれる。

コラム column 川に潜る

日本の川はよほどの大河川でもない限り水深が浅く、ほとんどの場合、潜るというよりも浸かるといった表現のほうが正しいかもしれません。そのためスキューバダイビングに使用するようなタンクは滅多に出番がなく、息を止めてひたすら我慢の繰り返しで撮影します。ただしウエットスーツは必需品。夏の川でも上流部では意外と水温が低く、撮影の場合は水に入っている時間も長いですから、これがなければ耐えられません。ほかには水中マスクと体を沈めるためのウェイト、そして最も肝心な水中カメラがあれば水中撮影は可能なのです。ですから車にこういった装備を積んでおけば、偶然きれいな川に遭遇したときでも気軽に撮影ができます。そんな手軽さが川の水中撮影のいいところです。日本の川には国内・国外外来種も含めて実に多くの魚が生息しています。水中撮影とまではいかないまでも、ちょっと川の中をのぞいてみてはいかがでしょうか。きっといろいろな発見があるはずです。

尼岡邦夫・武藤文人・三上敦史, 2001. 北海道白老町で自然繁殖しているコクチモーリー *Poecilia sphenops*. 魚類学雑誌, 48(2): 109-112.

無記名, 1971. ブルーギル養成試験. 大阪府淡水魚試験場報告, 昭和44年度, pp. 71-77.

無記名, 1971. 種苗配布事業. 大阪府淡水魚試験場報告, 昭和45年度, pp. 140-142.

青木大輔・中山祐一郎・林　正人・岩崎魚成, 2006. 琵琶湖におけるオオクチバスフロリダ半島産亜種(*Micropterus salmoides floridanus*)のミトコンドリアDNA調節領域の多様性と導入起源. 保全生態学研究, 11: 53-60.

青山徳久・鈴木康典・淀江賢一郎編, 2002. 宍道湖自然館第3回特別展「たなごころの魚たち」展示解説: タナゴの自然史. 48 pp. 島根県立宍道湖自然館ゴビウス, 島根.

Aoyama, T., K. Naito and T. Takami, 1999. Occurrence of sea-run migrant brown trout (*Salmo trutta*) in Hokkaido, Japan. Scientific Reports of the Hokkaido Fish Hatchery, 53: 81-83.

青山智哉・鷹見達也・下田和孝・小山達也, 2002. 北海道におけるブラウントラウトの年齢と成長および性成熟. 北海道立水産孵化場研究報告, 56: 115-123.

Arai, R., H. Fujikawa and Y. Nagata, 2007. Four new subspecies of *Acheilognathus* bitterlings (Cyprinidae: Acheilognathinae) from Japan. Bulletin of the National Museum of Nature and Science, Ser. A (Zoology), Supplement 1, pp. 1-28.

Balirwa, J. S., C. A. Chapman, L. J. Chapman, I. G. Cowx, K. Geheb, L. Kaufman, R. H. Lowe-McConnell, O. Seehausen, J. H. Wanink, R. L. Welcomme and F. Witte, 2003. Biodiversity and fisheries sustainability in the Lake Victoria Basin: an unexpected marriage? BioScience, 53(8): 703-715.

Banarescu, P. M., ed., 1999. The freshwater fishes of Europe, Vol. 5/I, Cyprinidae 2/I. xviii+426 pp. Aula-Verlag, Wiebelsheim.

ビオストーリー編集委員会編, 2005. 鯉の生き物文化誌:鯉が象徴する心と世界. 生き物文化誌ビオストーリー, Vol. 3. 127 pp. 昭和堂, 京都市.

千葉県環境部自然保護課編, 2000. 千葉県の保護上重要な野生生物: 千葉県レッドデータブック, 動物編. 438 pp. 千葉県環境部自然保護課, 千葉.

地球環境保全に関する閣僚会議, 1995. 生物多様性国家戦略. 117 pp.

崔　基哲・田　祥麟・金　益秀・孫　永牧, 1990. 原色韓国淡水魚図鑑. 277 pp. 郷文社, ソウル.

中央環境審議会, 2003. 移入種対策に関する措置の在り方について(答申). 63 pp.

堂本暁子, 1995. 生物多様性:生命の豊かさを育むもの. xiii+272 pp. 岩波書店, 東京.

Frankham, R., J. D. Ballou and D. A. Briscoe(西田睦監訳), 2007. 保全遺伝学入門. 750 pp. 文一総合出版, 東京.

Freyhof, J. and F. Herder, 2002. Review of the paradise fishes of the genus *Macropodus* in Vietnam, with description of two new species from Vietnam and southern China (Perciformes: Osphronemidae). Ichthyological Exploration of Freshwaters, 13(2): 147-167.

藤田朝彦, 2007. 本邦で確認されている"カラドジョウ"の学名について. 魚類学雑誌, 54(2): 243-244.

深津鎭夫・桂　和彦, 1995. コレゴヌスの養殖技術. 85 pp. 緑書房, 東京.

福田雅明, 2004. 生態系保全・遺伝的多様性確保を可能とする効果的種苗放流技術開発の試み. 水産総合研究センター研究報告別冊, (5): 71-72.

Fuller, P. L., L. G. Nico and J. D. Williams, 1999. Nonindigenous fishes introduced into inland waters of the United States. x+613 pp. American Fisheries Society, Maryland, USA.

外来魚対策検討委託事業検討委員会編, 1992. ブラックバスとブルーギルのすべて: 外来魚対策検討委託事業報告書. 221 pp. 全国内水面漁業協同組合連合会.

ティス・ゴールドシュミット(丸　武志訳), 1999. ダーウィンの箱庭 ヴィクトリア湖. 358 pp. 草思社, 東京.

後藤　晃・森　誠一編著, 2003. トゲウオの自然史: 多様性の謎とその保全. viii+278 pp. 北海道大学図書刊行会, 札幌.

萩原富司, 2002. 霞ヶ浦でオオタナゴが定着、二次放流が心配. 霞ヶ浦NEWS, 7(2): 2.

萩原富司, 2002. 霞ヶ浦でオオタナゴが定着. ボテジャコ, (6): 19-22.
日高敏隆監修, 中坊徹次・望月賢二編, 1998. 日本動物大百科6: 魚類. 204 pp. 平凡社, 東京.
Hikita, T., 1964. On the recent distribution of two small cyprinid fishes, *Pseudorasbora parva pumila* (Miyadi) and *P. parva parva* (Temminck and Schlegel) in Hokkaido Island, Japan. Scientific reports of the Hokkaido Salmon Hatchery, (18): 113-116.
疋田豊彦, 1965. 十勝川及び日高沿岸で再捕されたマスノスケ成魚と幼魚. 北海道さけ・ますふ化場研究報告, (19): 43-47.
北海道立水産孵化場. 移殖種ブラウントラウトの生態系への影響. 北海道立水産孵化場HP: http://www.fishexp.pref.hokkaido.jp/hatch/honjyou/gairaishu/review.htm. (2008年2月10日アクセス)
堀上　勝, 2006. 外来生物法の施行. 哺乳類科学, 46(1): 81-83.
堀川まりな・中島　淳・向井貴彦, 2007. 九州北部のゼゼラにおける在来および非在来ミトコンドリアDNAハプロタイプの分布. 魚類学雑誌, 54(2): 149-159.
細谷和海, 2001. 日本産淡水魚の保護と外来魚. 水環境学会誌, 24(5): 273-278.
Hosoya, K., H. Ashiwa, M. Watanabe, K. Mizuguchi and T. Okazaki, 2003. *Zacco sieboldii*, a species distinct from *Zacco temminckii* (Cyprinidae). Ichthyological Research, 50(1): 1-8.
細谷和海・高橋清孝編, 2006. ブラックバスを退治する: シナイモツゴ郷の会からのメッセージ. x+152 pp. 恒星社厚生閣, 東京.
井田　齊・奥山文弥, 2000. サケ・マス魚類のわかる本. 247 pp. 山と溪谷社, 東京.
飯田謙二, 1911. 沖縄産闘魚. 動物学雑誌, 23(273): 426.
稲村　修・田子泰彦・大津　順, 1994. 琵琶湖産アユ種苗に混入していた魚類. 富山の生物, 33: 22-23.
石田昭夫・田中哲彦・亀山四郎・佐々木金吾・根本義昭, 1975. ユーラップ川に放流した北米産ギンザケについて. 北海道さけ・ますふ化場研究報告, (29): 11-15.
磯野直秀, 2007. 明治前動物渡来年表. 慶應義塾大学日吉紀要, 自然科学, (41): 35-66.
板井隆彦, 1982. 静岡県の淡水魚類. 208 pp. 第一法規, 東京.
環境省編, 2002. 新・生物多様性国家戦略: 自然の保全と再生のための基本計画. vi+315 pp. 環境省, 東京.
環境省編, 2003. 改訂・日本の絶滅のおそれのある野生生物: レッドデータブック, 4 汽水・淡水魚類. 16+230 pp., 16 pls. ㈶自然環境研究センター, 東京.
環境省編, 2004. ブラックバス・ブルーギルが在来生物群集及び生態系に与える影響と対策. iv+226 pp. 財団法人自然環境研究センター, 東京.
環境省編, 2007. 第三次生物多様性国家戦略. PDF版. 8+277 pp.
環境省・農林水産省, 2004. 特定外来生物被害防止基本方針. 33 pp.
環境省東北地方環境事務所・財団法人宮城県伊豆沼・内沼環境保全財団編, 2006. ブラックバス駆除マニュアル: 伊豆沼方式オオクチバス駆除の実際. PDF版. 96 pp.
環境庁自然保護局編, 1993. 第4回自然環境保全基礎調査: 動物分布調査報告書 (淡水魚類). [iii]+408 pp.
加納光樹・吉田剛司・井上　隆・瀬能　宏・細谷和海・多紀保彦, 2006. 諸外国で輸入が禁止されている侵略的外来種. 生物科学, 57(4): 223-232.
片野　修・森　誠一監修・編, 2005. 希少淡水魚の現在と未来: 積極的保全のシナリオ. xvi+416 pp. 信山社, 東京.
片野　修・中村智幸・山本祥一郎, 2003. 実験水槽におけるブルーギルによるモツゴの捕食. Nippon Suisan Gakkaishi, 69(5): 733-737.
片野　修・坂野博之・B. Velkov, 2006. ウグイによるブルーギル卵の捕食効果についての実験的解析. Nippon Suisan Gakkaishi, 72(3): 424-429.
加藤憲司, 1985. 多摩川水系上流部におけるニジマスの自然産卵. 日本水産学会誌, 51(12): 1947-1953.
加藤憲司・柳川利夫, 2000. 熊野川水系上流部, 山上川におけるニジマスの自然繁殖個体群. SUISANZOSHOKU, 48(4): 603-608.

川合禎次・川那部浩哉・水野信彦編, 1980. 日本の淡水生物: 侵略と攪乱の生態学. x+194+26 pp. 東海大学出版会, 東京.

河村功一・米倉竜次・石川正樹・片野 修, 2004. ミトコンドリアDNAの制限酵素切断多型から見た日本・韓国産ブルーギルの遺伝的特徴. 水産育種, 33: 93-100.

川那部浩哉, 1969. 川と湖の魚たち. 196 pp. 中央公論社, 東京.

川那部浩哉・水野信彦・細谷和海編・監修, 2005. 山溪カラー名鑑: 日本の淡水魚. 719 pp. 山と溪谷社, 東京.

Khan, M. R. and K. Arai, 2000. Allozyme variation and genetic differentiation in the loach *Misgurnus anguillicaudatus*. Fisheries Science, 66: 211-222.

紀平 肇・長田芳和, 1977. 淀川の鱮魚について. 淡水魚, 3(1): 92-93.

菊地基弘・浦和茂彦・大熊一正・帰山雅秀, 1998. 千歳川に遡上したギンザケ (*Oncorhynchus kisutch*). さけ・ます資源管理センター研究報告, (1): 39-43.

木村 重, 1937. 中国産鬪魚科魚類之研究. 上海自然科学研究所彙報, 7(3): 47-69 with a pl.

北川えみ・星野和夫・岡崎登志夫・北川忠生, 2004. 大分県大分川水系から得られたシマドジョウとその生物地理学的起源. 魚類学雑誌, 51(2): 117-122.

北川えみ・北川忠生・能宗斉正・吉谷圭介・細谷和海, 2005. オオクチバスフロリダ半島産亜種由来遺伝子の池原貯水池における増加と他湖沼への拡散. Nippon Suisan Gakkaishi, 71(2): 146-150.

Kitagawa, T., M. Watanabe, E. Kitagawa, M. Yoshioka, M. Kashiwagi and T. Okazaki, 2003. Phylogeography and the maternal origin of the tetraploid form of the Japanese spined loach, *Cobitis biwae*, revealed by mitochondrial DNA analysis. Ichthyological Research, 50(4): 318-325.

北村章二・山本祥一郎・山家秀信・山家美穂・金野昭平・鹿間俊夫・中村英史, 2005. 中禅寺湖におけるレイクトラウト産卵場の特定. 2005年度日本水産学会大会講演要旨集, p. 41.

Kitano, S., 2004. Ecological impacts of rainbow, brown and brook trout in Japanese inland waters. Global Environmental Research, 8(1): 41-50.

北野 聡・中野 繁・井上幹生・下田和孝・山本祥一郎, 1993. 北海道幌内川において自然繁殖したニジマスの採餌および繁殖生態. Nippon Suisan Gakkaishi, 59(11): 1837-1843.

北野 聡・大舘智氏・小泉逸郎, 2004. 移入カワマスと在来アメマスとの交雑現象. 第51回日本生態学会大会要旨集.

Konings, A., 1990. Ad Konings's book of cichlids and all the other fishes of Lake Malawi. 495 pp. T. F. H. Publ., Inc, Neptune City, etc.

小西英人編, 1995. 新さかな大図鑑. 559 pp. 株式会社週刊釣りサンデー , 大阪.

黒岩 恒, 1927. 琉球島弧に於ける淡水魚類採集概報. 動物学雑誌, 39(467): 355-368.

黒木健夫, 1968. 錦鯉: 鑑賞と池庭づくり. カラーブックス159. 153 pp. 保育社, 大阪.

Lee, D. S., C. R. Gilbert, C. H. Hocutt, R. E. Jenkins, D. E. McAllister and J. R. Stauffer, Jr., 1980. Atlas of North American freshwater fishes. x+867 pp. North Carolina State Museum of Natural History, Raleigh.

Lever, C., 1996. Naturalized fishes of the world. xxiv+408 pp. Academic Press, San Diego, etc.

Mabuchi, K., H. Senou and M. Nishida, 2008. Mitochondrial DNA analysis reveals cryptic large-scale invasion of non-native genotypes of common carp (*Cyprinus carpio*) in Japan. Molecular Ecology, 17(3): 796-809.

前川光司編, 2004. サケ・マスの生態と進化. viii+335 pp. 文一総合出版, 東京.

牧野信司, 1956. 原色熱帯魚図鑑. vii+130 pp., 48 col. pls., 24 pls. 保育社, 大阪.

Martin., N. V., 1957. Reproduction of lake trout in Algonquin Park, Ontario. Transactions of the American Fisheries Society, 86: 231-244.

丸山為蔵・藤井一則・木島利通・前田弘也, 1987. 外国産新魚種の導入経過. 157 pp. 水産庁研究部資源課・水産庁養殖研究所, 東京.

丸山為蔵・古田能久・平林秀則, 1972. ブルーギル (Bluegill sunfish, *Lepomis macrochilus*) が放流されている人工湖の環境調査. 淡水区水産研究所資料, No. 56, Bシリーズ, (13): 1-38.
松田征也・関 慎太郎, 2002. 滋賀県における外来水生生物の記録: 魚類・淡水性貝類・甲殻類・両生類・爬虫類. ボテジャコ, (6): 29-42.
松井佳一, 1963. 金魚. カラーブックス34. 153 pp. 保育社, 大阪.
Matsumoto, S., H. Fujimoto, K. Takehara, F. Sato, M. Nishida and M. Kohda, 2007. Ecology and morph traits of the swamp eel *Monopterus albus* (Synbranchiformes: Synbranchidae) on the Ryukyu Islands, Japan. 関西自然保護機構会誌, 29(1): 5-18.
Matsuzaki, S. S., N. Ushio, N. Takamura and I. Washitani, 2007. Effects of common carp on nutrient dynamics and littoral community composition: roles of excretion and bioturbation. Fundamental and Applied Limnology, 168(1): 27-38.
McDowall, R. M., ed., 1996. Freshwater fishes of south-eastern Australia. 247 pp. Reed Books, NSW.
Mihara, M., T. Sakai, K. Nakao, L. de Oliveira Martins, K. Hosoya and J. Miyazaki, 2005. Phylogeography of loaches of the genus *Lefua* (Balitoridae, Cypriniformes) inferred from mitochondrial DNA sequences. Zoological Science, 22(2): 157-168.
三沢勝也・菊池基弘・野澤博幸・帰山雅秀, 2001. 外来種ニジマスとブラウントラウトの支笏湖水系の生態系と在来種に及ぼす影響. 国立環境研究所研究報告, (167): 125-132.
宮城県内水面水産試験場編, 2004. 宮城の淡水魚. [iii]+96+[i].
宮地傳三郎・川那部浩哉・水野信彦, 1976. 原色日本淡水魚類図鑑. 全改訂新版. 462 pp., 56 pls. 保育社, 大阪.
宮本真二編, 2001. 鯰:魚がむすぶ琵琶湖と田んぼ. 滋賀県立琵琶湖博物館5周年記念企画展示(第9回企画展示)展示解説書. 164 pp. 滋賀県立琵琶湖博物館, 草津市.
水野信彦・後藤　晃編, 1987. 日本の淡水魚類: その分布、変異、種分化をめぐって. ix+244+33 pp. 東海大学出版会, 東京.
水島敏博・鳥澤　雅監修, 2003. 漁業生物図鑑: 新 北のさかなたち. xxviii+645 pp. 北海道新聞社, 札幌.
森　誠一編著, 1999. 淡水生物の保全生態学: 復元生態学に向けて. xiv+247 pp. 信山社サイテック, 東京.
森田健太郎・岸　大弼・坪井潤一・森田晶子・新井崇臣, 2003. 北海道知床半島の小河川に生息するニジマスとブラウンマス. 知床博物館研究報告, 24: 17-26.
Morita, K., J. Tsuboi and H. Matsuda, 2004. The impact of exotic trout on native charr in a Japanese stream. Journal of Applied Ecology, 41: 962-972.
向井貴彦, 2007. DNAから見た外来種研究: どこまで"犯人"を追えるのか? 生物科学, 58(4): 192-201.
向井貴彦・西田　睦, 2003. 日本産ドンコにおけるミトコンドリアDNAの系統と関東地方への人為移植の分子的証拠. 魚類学雑誌, 50(1): 71-76.
向井貴彦・西田　睦, 2005. ヌマチチブ非在来個体群におけるミトコンドリアDNAの地理的変異. 魚類学雑誌, 52(2): 133-140.
中坊徹次編, 2000. 日本産魚類検索: 全種の同定. lvi+1748 pp. 東海大学出版会, 東京.
中坊徹次監修・小西英人編著, 2007. 遊遊さかな大図鑑. 400 pp. エンターブレイン, 東京.
中井克樹・中島経夫・A. Rossiter, 2003. 外来生物: つれてこられた生き物たち. 160 pp. 滋賀県立琵琶湖博物館, 草津市.
中村守純, 1963. 原色淡水魚類検索図鑑. 258 pp. 北隆館, 東京.
中村守純, 1969. 日本のコイ科魚類: 日本産コイ科魚類の生活史に関する研究. 資源科学シリーズ4. 455 pp, 2 col. pls., 149 pls. 資源科学研究所, 東京.
中山耕至・大河俊之・丸川祐理子・田結庄義博・田中　克, 2004. ヒラメの遺伝的集団構造と地域的生理生態特性に関する研究. 水産総合研究センター研究報告別冊, (5): 139-142.
日本魚類学会自然保護委員会編, 2002. 川と湖沼の侵略者ブラックバス: その生物学と生態系への影響. 150 pp. 恒星社厚生閣, 東京.
日本生態学会編, 2002. 外来種ハンドブック. xvi+390 pp. 地人書館, 東京.

農林水産省農林水産技術会議事務局編, 2003. 外来魚コクチバスの生態学的研究及び繁殖抑制技術の開発. 研究成果第417集. 121 pp.
農林水産省水産庁編, 2007. 健全な内水面生態系復元等推進事業報告書(ブルーギル食害等影響調査). 302 pp. 独立行政法人水産総合研究センター中央水産研究所.
農林水産省水産庁・全国内水面漁業共同組合連合会編, 2007. ブルーギル駆除マニュアル. 14 pp.
大家正太郎・川村厚生, 1976. 施肥と魚類生産について. 大阪府淡水魚試験場報告, (4): 1-24.
沖縄県文化環境部自然保護課編, 2005. 改訂・沖縄県の絶滅のおそれのある野生生物 (動物編): レッドデータおきなわ. 561 pp. 沖縄県文化環境部自然保護課, 那覇.
沖山宗雄・鈴木克美編, 1985. 日本の海洋生物: 侵略と攪乱の生態学. ix+160+14 pp. 東海大学出版会, 東京.
奥土晴夫, 2001. 南大東島の自然. 135 pp. ニライ社, 那覇.
奥本直人・鹿間俊夫・織田三郎・丸山為蔵・佐藤達朗・合摩明・室根昭弘・室井克己・山崎充・赤坂毅・神山公行, 1989. 中禅寺湖産ヒメマス資源管理のための漁業と増養殖に関する考察. 養殖研資料, (6): 1-65.
小野朋典, 1992. リュウキュウアユ復活作戦再チャレンジ. 淡水魚保護, (5): 119-120.
大島正満, 1940. 脊椎動物大系：魚. 7+661+45+xxxxiv pp. 三省堂, 東京.
リチャード B. プリマック・小堀洋美, 1997. 保全生物学のすすめ: 生物多様性保全のためのニューサイエンス. 398 pp: 文一総合出版, 東京.
埼玉県動物誌編集委員会編著, 1978. 埼玉県動物誌. 588pp. 埼玉県教育委員会, 埼玉.
斎藤寿彦・鈴木俊哉, 2006. 北海道のサケ・マス増殖河川におけるニジマスおよびブラウントラウトの生息状況. さけ・ます資源管理センター技術情報, (172): 1-24.
坂口総一郎, 1922. 闘魚*Macropodus opercularis*に就いて. 動物学雑誌, 34(409): 915-920.
佐々　学, 1960. 風土病との闘い. 岩波新書375. v+207 pp. 岩波書店, 東京.
佐藤千夏・向井貴彦・淀　太我・佐久間　徹・中井克樹, 2007. 日本国内におけるコクチバスのmtDNAハプロタイプの分布. 魚類学雑誌, 54(2): 225-230.
Sato, H., 1989. Ecological studies on the mosquito fish, *Gambusia affinis* for encephalitis control with special reference to selective feeding on mosquito larvae and competition with the medaka, *Oryzias latipes*. Japanese Journal of Tropical Medicine and Hygiene, 17(2): 157-173.
佐藤成史, 1998. 瀬戸際の渓魚たち. 284 pp. つり人社, 東京.
佐原雄二・細見正明, 2003. メダカとヨシ. xiii+186+7pp. 岩波書店, 東京.
澤志泰正, 1995. 日本列島西部と琉球列島の島嶼におけるオイカワの出現. 沖縄生物学会誌, (33): 11-18.
Scott, W. B. and E. J. Crossman, 1973. Freshwater fishes of Canada. Fishries Research Board of Canada, Bulletin 184, i-xi+1-966 pp.
Seehausen, O., F. Witte, E. F. Katunzi, J. Smits and N. Bouton, 1997. Patterns of the remnant cichlid fauna in southern Lake Victoria. Conservation Biology, 11(4): 890-904.
瀬能　宏, 2001. 日本に人為拡散したキンチャクダイ科魚類2種について. I. O. P. Diving News, 12(10): 2-5.
瀬能　宏, 2001. ブラックバス問題: 最近の動向, そしてこれから必要なこととは？自然科学のとびら, 7(4): 28-29.
瀬能　宏, 2005. 生物多様性保全か有効利用か: ブラックバス問題の解決を阻むものとは. 生物科学, 56(2): 90-100.
瀬能　宏, 2005. 外来生物法とオオクチバス: 特定外来生物指定をめぐる攻防. 遺伝, 59(5): 85-90.
瀬能　宏, 2006. 外来生物法はブラックバス問題を解決できるのか？哺乳類科学, 46(1): 103-109.
斜里町立知床博物館編, 2003. しれとこライブラリー 4. 知床の魚類. 238 pp. 北海道新聞社, 札幌.
滋賀県立琵琶湖博物館編, 2003. 鯰: 魚と文化の多様性. 214 pp. サンライズ出版, 滋賀.
白石芳一・田中　実, 1967. 中禅寺湖におけるブラウンマスの食性について. 淡水区水産研究所研究報告, 17(2): 87-95.
杉山秀樹, 1999. 秋田県雄物川水系におけるアブラボテの繁殖. 秋田自然史研究, (39): 10-14.
杉山秀樹, 2005. オオクチバス駆除最前線. 268 pp. 無明舎出版, 秋田市.

勝呂尚之, 1995. 横浜市におけるゼニタナゴの生息. 神奈川県淡水魚増殖試験場報告, 31: 60-64.
勝呂尚之・瀬能　宏, 2006. 汽水・淡水魚類. 高桑正敏・勝山輝男・木場英久編. 神奈川県レッドデータ生物調査報告書2006, 神奈川県立生命の星・地球博物館, 小田原, pp. 275-298.
多賀光彦監修, 江戸謙顕・東正剛, 2002. 生物と環境. viii+122 pp. 三共出版, 東京.
高田未来美・昆　健志・山本軍次・井口恵一朗・西田　睦・立原一憲, 2004. 琉球列島におけるフナ属魚類の遺伝学的・生態学的研究. 日本魚類学会編, 2004年度日本魚類学会年会講演要旨, p. 28.
高桑正敏・広谷浩子・佐藤武宏・中村一恵, 2003. 侵略とかく乱のはてに: 移入生物問題を考える. 141 pp. 神奈川県立生命の星・地球博物館, 小田原市.
鷹見達也・青山智哉, 1999. 北海道におけるニジマスおよびブラウントラウトの分布. 野生生物保護, 4(1): 41-48.
鷹見達也・吉原拓志・宮腰靖之・桑原　連, 2002. 北海道千歳川支流におけるアメマスから移入種ブラウントラウトへの置き換わり. Nippon Suisan Gakkaishi, 68(1): 24-28.
高村健二, 2005. 日本産ブラックバスにおけるミトコンドリアDNAハプロタイプの分布. 魚類学雑誌, 52(2): 107-114.
Takehana, Y., N. Nagai, M. Matsuda, K. Tsuchiya and M. Sakaizumi, 2003. Geographic variation and diversity of the cytochrome *b* gene in Japanese wild populations of Medaka, *Oryzias latipes*. Zoological Science, 20: 1279-1291.
竹花佑介・酒泉　満, 2002. メダカの遺伝的多様性の危機. 遺伝, 56(6): 66-71.
嵩原健二・当山昌直・小浜継雄・幸地良仁・知念盛俊・比嘉ヨシ子, 1997. 沖縄の帰化動物. 235 pp. 沖縄出版, 浦添市.
竹島雅彦・吉野哲夫, 1996. 沖縄島に帰化したナマズ目魚類*Liposarcus disjunctives*の報告. 沖縄生物学会誌, 34: 35-41.
竹内　基・松宮隆志・佐原雄二・小川　隆・太田　隆, 1985. 青森県の淡水魚類相について. 淡水魚, (11): 117-133.
多紀保彦監修, 2008. 決定版日本の外来生物. 479 pp. 平凡社, 東京.
Talwar, P. K. and A. G. Jhingran, 1991. Inland fishes of India and adjacent countries. Volume 2. pp. 543-1158. Oxford & IBH Publ. Co. PVT. LTD., New Delhi, etc.
田中茂穂編, 1933. 有用有害鑑賞水產動植物図説. 607+46 pp. 大地書院, 東京.
Taniguchi, Y., Y. Miyake, T. Saito, H. Urabe and S. Nakano, 2000. Redd superimposition by introduced rainbow trout, *Oncorhynchus mykiss*, on native charrs in a Japanese stream. Ichthyological Research, 47(2): 149-156.
田代優秋・佐藤陽一・上月康則, 2007. 徳島市における外来魚カダヤシの37年間の放流記録. 徳島県立博物館研究報告, (17): 123-138.
寺島　彰, 1977. 琵琶湖に棲息する侵入魚: 特に, ブルーギルについて. 淡水魚, (3): 38-43.
戸田直弘, 2002. わたし琵琶湖の漁師です. 204 pp. 光文社, 東京.
東城幸治・細谷和海, 1998. 福島県摺上川で採集されたフクドジョウ*Noemacheilus barbatulus toni* (Dybouwsky). 福島生物, (41): 33-36.
富永正雄, 1983. 導入新魚種コレゴヌスについて. 淡水魚, (9): 29-31.
土田陽介・佐藤千夏・向井貴彦, 2007. 岐阜県周辺地域におけるオオクチバスの侵入と分布拡大パターン. 生物科学, 58(4): 213-220.
内田恵太郎, 1939. 朝鮮魚類誌, 第一冊: 糸顎類, 内顎類. 朝鮮総督府水産試験場報告, (6): i-viii+1-458, col. pls. 1-2, pls. 1-47.
上原武則, 1978. 大正池の魚相異変: イワナの雑種化をめぐって. 淡水魚, 4(1): 146-150.
上野輝彌・坂本一男, 2005. 新版魚の分類の図鑑: 世界の魚の種類を考える. xliii+159 pp. 東海大学出版会, 神奈川.
上杉哲郎, 2005. 外来生物法の制定と対策について. 生物科学, 56(2): 83-89.
Verheyen, E., W. Salzburger, J. Snoeks and A. Meyer, 2003. Origin of the superflock of cichlid fishes from Lake Victoria, East Africa. Scinece, 300(5617): 325-329.

若林 輝・中村智幸・久保田仁志・丸山 隆, 2002. 中禅寺湖流入河川におけるサケ科魚類3種の産卵生態. 魚類学雑誌, 49(2): 133-141.
Watanabe, K. and M. Nishida, 2003. Genetic population structure of Japanese bagrid catfishes. Ichthyological Research, 50(2): 140-148.
渡辺昌和, 1991. 福島県に定着したフクドジョウ. 淡水魚保護, (4): 107.
渡辺昌和・坂戸自然史研究会, 2000. 魚の目から見た越辺川: 埼玉・東京を流れる荒川の支流. 160 pp. まつやま書房, 埼玉.
Witte, F., T. Goldschmidt, P. C. Goudswaard, W. Ligtvoet, M. J. P. van Oijen and J. H. Wanink, 1992. Species extinction and concomitant ecological changes in Lake Victoria. Netherlands Journal of Zoology, 42(2/3): 214-232.
Witte, F., T. Goldschmidt, J. Wanink, M. van Oijen, K. Goudswaard, E. Witte-Maas and N. Bouton, 1992. The destruction of an endemic species flock: quantitative data on the decline of the haplochromine cichlids of Lake Victoria. Environmental Biology of Fishes, 34: 1-28.
伍 献文ほか (中島経夫・小早川みどり訳), 1980. 中国鯉科魚類誌, 上巻. 346 pp. たたら書房, 鳥取.
山梨淡水魚研究会編, 1995. やまなしの魚: 水辺の生きもの. 159 pp. 山梨日日新聞社出版局, 山梨.
淀 太我・井口恵一朗, 2004. バス問題の経緯と背景. 水産総合研究センター研究報告, (12): 10-24.
淀 太我・向井貴彦・谷口義則・中井克樹・瀬能 宏・丸山 隆, 2005. 自然保護委員会が行ったサンフィッシュ科3種による被害実例アンケートの結果報告. 魚類学雑誌, 52(1): 74-80.
横川浩治, 1995. 体側に黒点を有する日本産スズキの形態的および遺伝的特徴. 水産育種, 22: 67-75.
横川浩治, 1995. スズキの分類と養殖技術①: 日本産・中国産スズキの分類学的位置づけと特徴. 養殖, 32(12): 71-74.
横川浩治, 1995. スズキの分類と養殖技術②: スズキ属魚類の分布・生態と中国スズキの種苗生産. 養殖, 32(13): 98-101.
横川浩治, 1995. スズキの分類と養殖技術③: 中国産スズキの養殖と販売. 養殖, 32(14): 106-108.
横川浩治, 1999. 日本における外国産魚介類の移入とそれらの生物学的特徴. 水産育種, (28): 1-25.
Yokogawa, K., K. Nakai and K. Fujita, 2005. Mass introduction of Florida bass *Micropterus floridanus* into Lake Biwa, Japan, suggested by recent dramatic genomic change. Aquaculture Science, 53(2): 145-155.
横川浩治・末友浩一・村上健一・澁谷竜太郎・関 伸吾・辻野耕實・宮川昌志, 1996. 四国近海から得られたいわゆる“ホシスズキ”の形態的および遺伝的特徴. 魚類学雑誌, 43(1): 31-37.
吉郷英範・岩崎 誠, 2001. 沖縄島で繁殖が確認された国外侵入種の魚類. 比婆科学, (201): 15-26, pl. 1.
全国内水面漁業協同組合連合会編, 1992. 移入すれば問題になり得る主な外国産魚種に関する文献調査. 159 pp. 水産庁.

参考にした主なホームページ

Catalog of Fishes http://research.calacademy.org/research/ichthyology/catalog/fishcatsearch.html
Convention on Biological Diversity (CBD) http://www.cbd.int/
FishBase http://www.fishbase.net/
環境省 http://www.env.go.jp/
環境省生物多様性センター http://www.biodic.go.jp/
国際自然保護連合(IUCN)日本委員会 http://www.iucn.jp/
日本魚類学会 http://www.fish-isj.jp/
日本生態学会 http://www.esj.ne.jp/esj/
日本自然保護協会 http://www.nacsj.or.jp/
WWFジャパン http://www.wwf.or.jp/
財団法人自然環境研究センター http://www.jwrc.or.jp/

あとがき

日本の淡水魚を撮影、採集していると頻繁に外来魚に出会います。それもそのはず、国内に定着している国外外来種は40種を数え、しかもわずかながらも年を追うごとにその種数は増えています。しかし外国からやってきた魚ということもあって、淡水魚の図鑑には掲載されていない種が多く、撮影した外来魚を調べるためには、その魚が分布する海外の図鑑を探す必要がありました。せめて定着が確実な種だけでも載っている外来魚の図鑑があったらどれだけ便利だろうという思いが、本書を作ることになったきっかけです。

制作を進めるにあたって、国内にいったいどれだけの外来魚がいるのかを調べました。今ある図鑑や論文を参考にするとともに、撮影協力者から得られた情報をまとめた結果、予想以上の種類が国内に定着していることがわかりました。当然のことですが写真が手元にない種も多数いて、これらの中には熱帯魚として観賞魚店に流通するものもいました。しかし採集が可能なものについてはできるだけ現地に足を運び、実際に自分で採集することにしました。その方が種の解説を書くにあたり、文献からの情報だけでなく、少しでも自分が感じた生息地の情報を記せるのではないかと思ったからです。

撮影、採集には結局北海道から沖縄まで行くことになりました。数が少なく採集に時間を要した種や、中にはついに姿を見ることができなかったものもいます。しかし一方で、あらゆる水域で網にかかり、在来生物に対して深刻な被害を及ぼす種もいました。

外来魚の中には水産資源として

重要な種もいますし、過去に行われた移殖のすべてが否定されるべきではないと私は考えています。もちろん慎重に議論がなされた上での移殖が前提ですが、国内各地の外来魚を見た感想を言えば、在来種に深刻な影響を及ぼしている種は、いつ誰がどのように移殖したのかがわからないことが多く、無責任な放逐や他種に混入して定着したケースがほとんどのようです。アマゾンやアフリカ、そして東南アジアの魚がいっしょに棲んでいる川や、オオクチバスやブルーギルばかりが棲んでいる湖があるのは、日本の風土の中ではやはり不自然です。

ただ、本書を作成している間に、外来魚に対する世間の認識がずいぶんと変わったようにも思います。特定外来生物被害防止法が施行されたことで、法の整備もずいぶんと進みました。いずれ本書の改定などが行われるようなことがあるときには、これ以上ページが増えていないことを願います。それは取りも直さず新たな外来魚の定着が確認されていないことにつながるわけですから。

最後になりますが本書を出版するにあたり、文一総合出版の志水謙祐氏には企画の段階から御尽力いただきました。また日ごろから淡水魚の生態など、あらゆる情報をアドバイスしてくださる瀬能宏博士には、今回監修、執筆を快諾していただくとともに、数多くの資料を提供していただき、さらに執筆のご指導もしていただきました。そして外来魚の撮影や採集にご協力いただいた皆さまに、この場を借りてお礼を申し上げます。

2008年6月　松沢陽士

撮影・取材協力（敬称略）

荒金利佳	竹内　健	沖縄県南風原町役場経済建設部まちづくり振興課
市村政樹	谷　敬志	岐阜県海津市教育委員会
宇仁菅諭	中井克樹	岐阜県世界淡水魚園水族館アクア・トトぎふ
遠藤　大	永野　廣	魚介の豊宝大幸
遠藤広光	永野昌枝	(独) 水産総合研究センターさけますセンター虹別事業所
小田博之	長久秀俊	(独) 水産総合研究センター中央水産研究所内水面研究部
菊池基弘	中村英史	さいたま水族館
北村章二	原田貴晴	標津サーモン科学館
倉津正敏	藤本治彦	高沢養魚場
斉藤浩一	穂刈　譲	千歳サケのふるさと館
佐土哲也	町田吉彦	中禅寺湖漁業協同組合
沢本良宏	光岡呂浩	東京都井の頭自然文化園
鹿間俊夫	矢島秀一	土佐廣丸
関 慎太郎	谷田川勝夫	長野県水産試験場佐久支場
高沢正二	矢辺　徹	
高橋　理	遊佐清明	

日本の外来魚ガイド
Alien fishes of Japan

2008年　8月23日　　初版第1刷発行

写真・図鑑執筆●松沢陽士
監修・解説執筆●瀬能　宏
デザイン●國末孝弘（ブリッツ）
編集●志水謙祐

発行者●斉藤　博
発行所●株式会社 文一総合出版
〒162-0812 東京都新宿区西五軒町2-5 川上ビル
Tel:03-3235-7341（営業）　Tel:03-3235-7342（編集）
Fax:03-3269-1402　http://www.bun-ichi.co.jp/
振替●00120-5-42149
印刷●奥村印刷株式会社

ISBN978-4-8299-1013-9　Printed in Japan